ROCCE GEMME E MINERALI

Touring Club Italiano

SOMMARIO

INTRODUZIONE

- Che cos'è una roccia? 6
- Che cos'è un minerale? 7
- La struttura della Terra 8
- Cronologia geologica 10
- Il ciclo delle rocce 13

ROCCE MAGMATICHE

- Che cosa sono le rocce magmatiche? 14
- Dove si formano? 16
- Rocce magmatiche intrusive 18
- Rocce magmatiche effusive 20
- Minerali magmatici 22
- Che meraviglia! 24

ROCCE SEDIMENTARIE

- Che cosa sono le rocce sedimentarie? 30
- Rocce sedimentarie clastiche 32
- Rocce sedimentarie chimiche 34
- Rocce sedimentarie organiche 36
- Identificare le rocce sedimentarie 38
- Che meraviglia! 40

FOSSILI

- Che cosa sono i fossili? 46
- Come si formano? 48
- Invertebrati fossili 50
- Vertebrati fossili 52

ROCCE METAMORFICHE

- Che cosa sono le rocce metamorfiche? 54
- Come si formano? 56
- Come si modificano? 58
- Minerali metamorfici 62

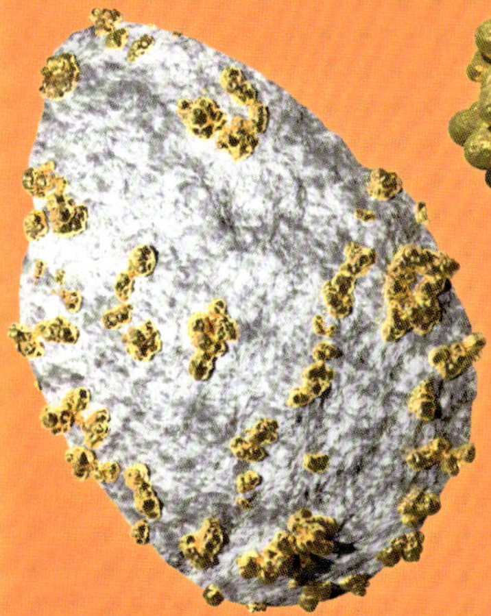

ROCCE DELLO SPAZIO

- Rocce dello spazio 64
- Meteoriti 66

GEMME

- Che cosa sono le gemme? 70
- Geodi 72
- Diamanti 74
- Guida al riconoscimento 76
- Opali 78
- Corindone 80
- Berilli e tormaline 82
- Quarzi 84
- Gemme colorate 86
- Gemme organiche 88
- Metalli preziosi 90
- Metalli utili 92

GLOSSARIO 94

INTRODUZIONE

Le rocce sono dappertutto: nei vulcani, nelle imponenti montagne e nei deserti di sabbia, come nei fondali marini, nelle tortuose vallate scavate dai fiumi e perfino negli asteroidi nello spazio! Se togliessimo il sottile strato superficiale del suolo e l'acqua che forma gli oceani, rimarrebbero... le rocce!
E le rocce non si trovano solo nel paesaggio: computer, smartphone, farmaci, edifici, aeroplani e perfino navette spaziali sono tutti in parte composti di rocce e MINERALI.

Capire come si formano le rocce ci aiuta a comprendere come funzionano la Terra e il Sistema Solare. Le rocce possono rivelarci com'è cambiata la Terra nel corso di milioni di anni e come potrebbe essere il suo aspetto in futuro.

Lo studio di rocce e minerali si chiama GEOLOGIA e gli scienziati che se ne occupano sono i GEOLOGI. Questo libro ti fornirà le informazioni necessarie a capire quanto siano importanti le rocce e magari anche tu un giorno diventerai un geologo!

LO SAPEVI?

I geologi studiano tutto ciò che riguarda i vulcani, i terremoti e il funzionamento della Terra, ma anche la comparsa sul nostro pianeta delle prime creature, come dinosauri e squali PREISTORICI.

LO SAPEVI?

Puoi trovare la definizione delle parole scritte in MAIUSCOLO nel Glossario in fondo a questo libro. Se non sei sicuro del significato di un termine vai a pag. 94.

CHE COS'È UNA ROCCIA?

Partiamo dall'inizio: che cos'è esattamente una roccia? Tutti le vediamo e le tocchiamo, ma sappiamo che cosa sono? Una roccia è un solido di origine naturale, formato da MINERALI o materiali ORGANICI, come piante e alberi antichi.

Le rocce si dividono in tre gruppi principali a seconda della loro formazione: magmatiche, sedimentarie e metamorfiche. In questo libro vedremo come e dove si formano e troverai tutti gli strumenti per imparare a riconoscerle.

LO SAPEVI?
I geologi hanno già identificato quasi 5000 minerali, ma ne esistono probabilmente almeno altri 1500 ancora da scoprire.

CHE COS'È UN MINERALE?

I minerali sono i materiali che formano le rocce. Sono solidi di origine naturale, cioè non creati dall'uomo. Sono INORGANICI, quindi non composti da sostanze viventi come piante e animali. Sono costituiti da ELEMENTI CHIMICI come ossigeno, silicio e FERRO. Ogni minerale ha una particolare composizione chimica, disposta in una struttura regolare.

I minerali si aggregano tra loro per formare le rocce: alcune sono composte da un unico minerale, ma la maggior parte sono una combinazione di minerali diversi. Identificare i minerali ci aiuta a capire che tipo di roccia stiamo guardando e come potrebbe essersi formata.

LA STRUTTURA DELLA TERRA

Camminando sulla superficie della Terra, è difficile rendersi conto delle temperature elevatissime e del moto vorticoso di rocce fuse che avviene migliaia di chilometri sotto i nostri piedi. Diamo un'occhiata da vicino a quest'attività che va avanti senza sosta nelle profondità del nostro pianeta!

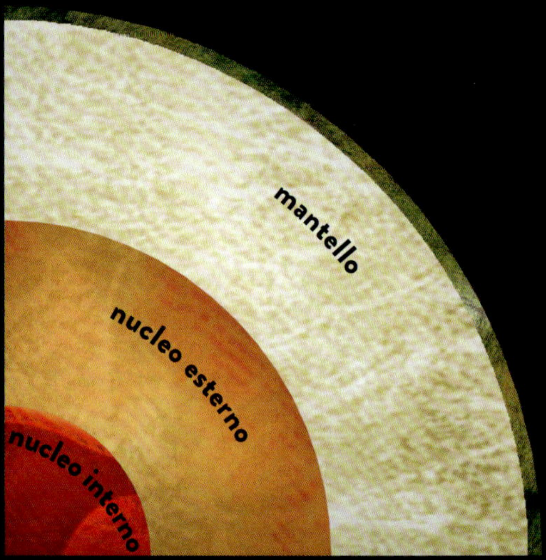

Al centro della Terra, a un'immensa distanza che va dai 6300 ai 5100 km sotto di noi, si trova il **nucleo interno** solido, costituito per lo più da ferro e NICKEL (metallo). È la parte più calda della Terra e raggiunge la temperatura di 6000 °C, la stessa della superficie del Sole!

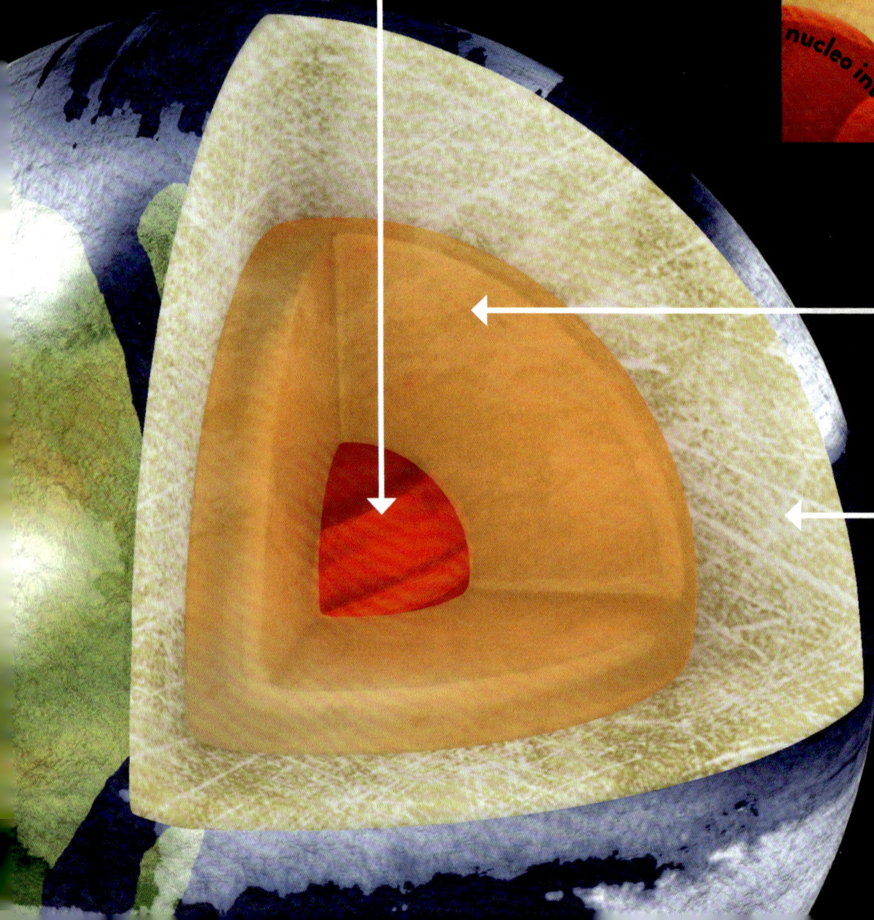

Abbiamo poi il **nucleo esterno**, tra i 5100 e i 2900 km sotto di noi, che è composto di metalli allo stato liquido, in prevalenza ferro e nickel.

Per ultimo c'è il **mantello**, che costituisce l'85% del pianeta! Si stende dai 2900 km di profondità fino all'inizio della crosta, a circa 40 km dalla superficie, e ha una temperatura che varia tra i 1000 e i 4000 °C. Il mantello è formato da roccia solida, ma in alcuni punti, in genere ai confini delle placche, la temperatura e la pressione possono far fondere la roccia, creando del MAGMA che può risalire in superficie ed eruttare dai vulcani sotto forma di lava incandescente.

PLACCHE TETTONICHE

La superficie della Terra può apparire come uno strato continuo, ma in realtà è divisa in tanti pezzi. Questi pezzi sono detti placche tettoniche e si incastrano insieme come un gigantesco puzzle. Noi non possiamo percepirlo, ma le placche tettoniche si muovono di continuo, molto, molto lentamente. Dove le placche s'incontrano, si verificano molte attività vulcaniche e sismiche.

I punti in cui le placche s'incontrano vengono chiamati "confini" delle placche. In alcuni casi le placche si allontanano, in altri sfregano le une contro le altre e, in altri ancora, collidono molto lentamente. Proprio lungo questi confini, che attraversano la superficie terrestre, si verificano la risalita del magma e la formazione di vulcani e imponenti montagne. Tutto questo è dovuto al movimento delle placche tettoniche.

Le PLACCHE TETTONICHE sono lastre di roccia fredda, costituite di crosta terrestre e di una piccola porzione del mantello superiore. Le placche scivolano sopra il mantello più caldo all'interno della Terra, con un processo che non è stato ancora pienamente compreso. Con il passare del tempo, diventano più spesse, finché il peso le fa sprofondare verso l'interno della Terra. Questo accade lungo i confini di placche che collidono, chiamati *zone di subduzione*, che si trovano per esempio tutt'intorno ai margini dell'Oceano Pacifico.

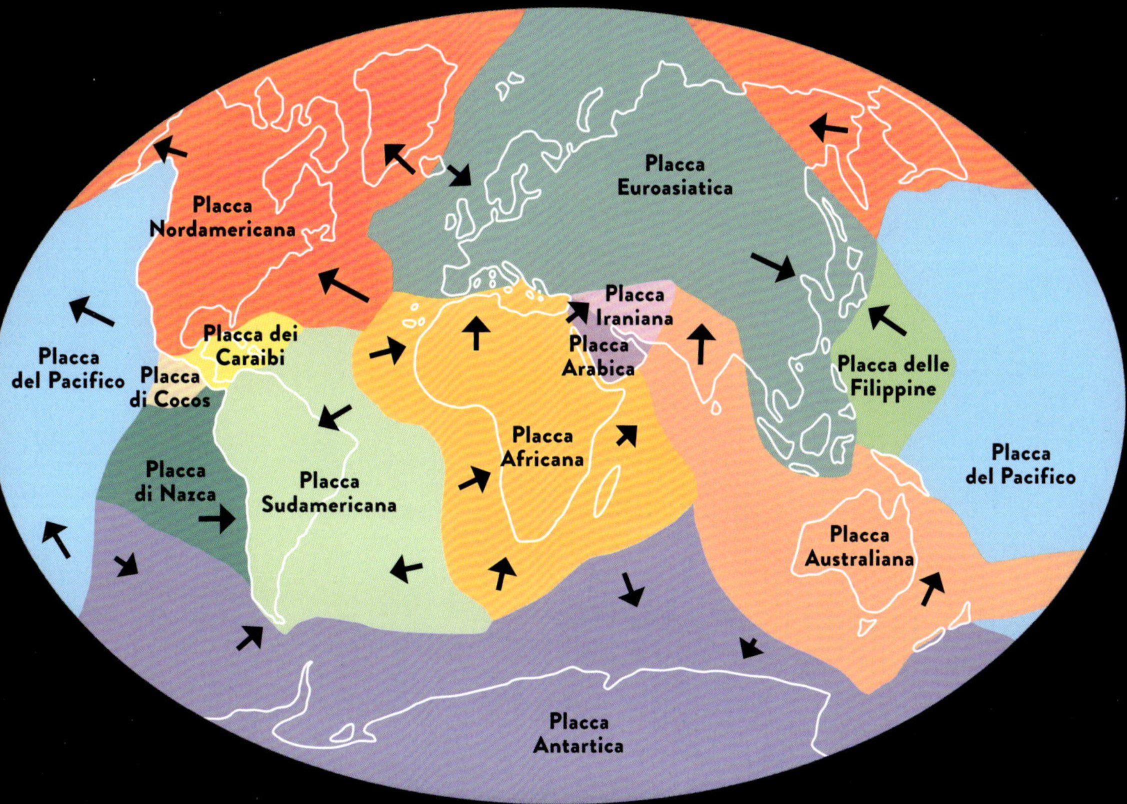

CRONOLOGIA GEOLOGICA

La Terra ha ben 4,5 miliardi di anni. Paragonando questo arco di tempo a una giornata di 24 ore, l'uomo non comparirebbe che negli ultimi due minuti! In questa pagina scopriremo alcuni dei maggiori eventi geologici che hanno plasmato il nostro pianeta. Diamo un'occhiata!

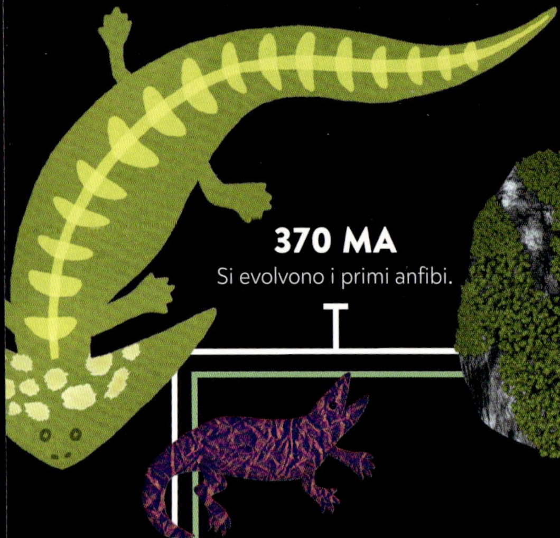
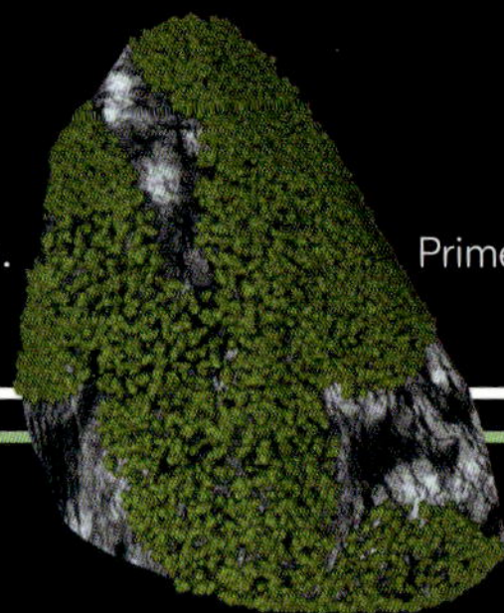
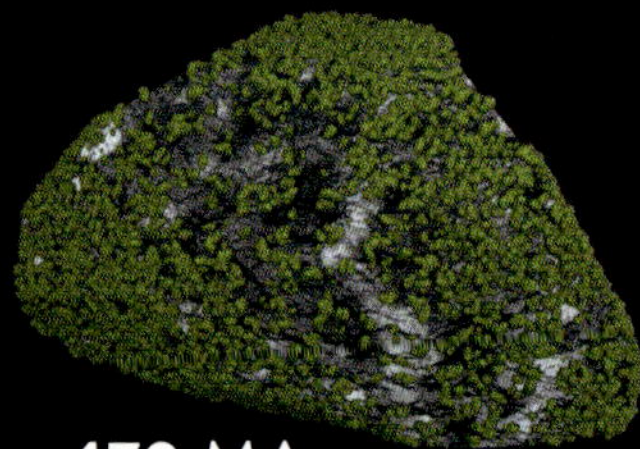
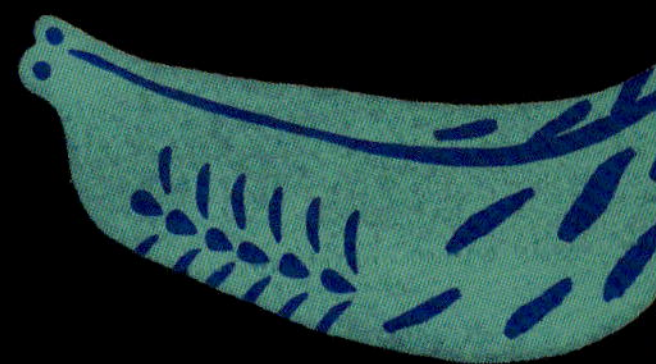

PALEOZOICO

530 MA
Si evolvono i primi pesci.

470 MA
Prime piante sulla terra emersa.

370 MA
Si evolvono i primi anfibi.

315 MA
Compaiono i primi rettili.

270 MA
I continenti si uniscono a formare il super continente Pangea.

LO SAPEVI?

270 milioni di anni fa, tutti i continenti erano uniti insieme in un grande super continente chiamato PANGEA, che durò 70 milioni di anni!

MESOZOICO

245 MA
Oltre 100 milioni di anni dopo la comparsa dei primi vertebrati terrestri, arrivano i dinosauri.

CENOZOICO

2,6 MA
Ere glaciali. Negli ultimi 2,6 milioni di anni, la Terra è passata attraverso una serie di ere glaciali, durante le quali grandi porzioni del pianeta erano ricoperte di uno spesso strato di ghiaccio e ghiacciai.

OGGI
Periodo INTERGLACIALE (caldo) tra due ere glaciali. La prossima era glaciale potrebbe verificarsi tra migliaia o decine di migliaia di anni.

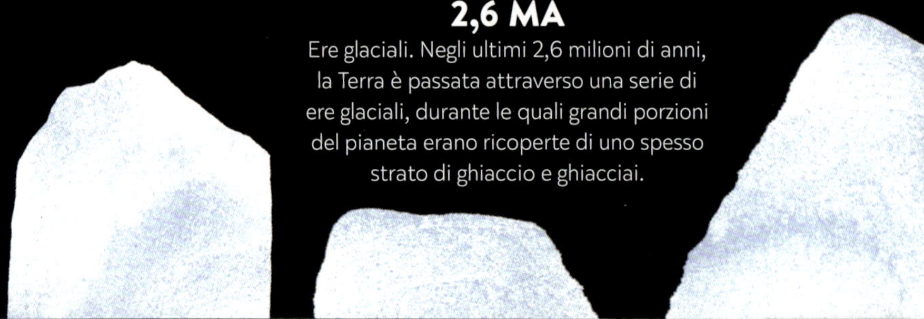

ADEANO

4,543 miliardi di anni fa
Formazione della Terra all'interno del Sistema Solare primordiale: un disco di gas e polveri incandescenti che ruota intorno al giovane Sole.

4,5 miliardi di anni fa
Formazione della Luna.
La caduta sulla Terra di un corpo celeste delle dimensioni di un pianeta provoca una massiccia emissione di frammenti di roccia nello spazio. Con il tempo, questi si aggregano per la forza di gravità e formano la Luna.

4,4 miliardi di anni fa
Prime rocce conosciute sulla Terra. Furono ritrovate nell'attuale Australia Occidentale.

ARCHEANO

3,8 miliardi di anni fa
Nascita della vita sulla Terra. Le prime forme di vita furono batteri composti da una sola cellula.

PROTEROZOICO

541 milioni di anni fa (MA)
Comparsa di animali complessi, inclusi i primi vertebrati, nell'esplosione cambriana.

165 MA
Compaiono i primi uccelli.

160 MA
Si evolvono i primi mammiferi.

66 MA
I dinosauri dominarono il pianeta per circa 150 milioni di anni prima di estinguersi. Si pensa che sia stato l'impatto con un meteorite caduto nel Golfo del Messico 66 milioni di anni fa a uccidere tutti i dinosauri (tranne alcune specie alate), oltre a molte creature marine.

55 MA
Si evolvono i primi primati.

50 MA
Formazione della catena dell'Himalaya.

2,8 MA
Compaiono i primi esseri umani. I più antichi fossili umani sono stati ritrovati in Etiopia.

Agenti atmosferici

Le rocce presenti sulla superficie terrestre sono continuamente erose dalla pioggia, dal vento, dal ghiaccio, dalle onde, dai gas dell'atmosfera, dagli animali e dalle radici delle piante. Questi processi frantumano le rocce in piccoli frammenti chiamati sedimenti.

Rocce magmatiche effusive

Il magma può eruttare dai vulcani sotto forma di lava. Quando questa si raffredda, si trasforma in ROCCIA MAGMATICA.

Rocce magmatiche intrusive

Il magma nel sottosuolo impiega migliaia di anni per raffreddarsi. Quando solidifica, diventa una ROCCIA MAGMATICA.

Fusione

Se le rocce raggiungono una certa temperatura, possono fondere e formare roccia fusa chiamata magma.

Metamorfismo

Le rocce possono sprofondare ancora di più nella crosta terrestre. Così si surriscaldano e, senza fondere, si deformano a causa dell'intensa pressione e i minerali cambiano. In questo modo si formano le ROCCE METAMORFICHE.

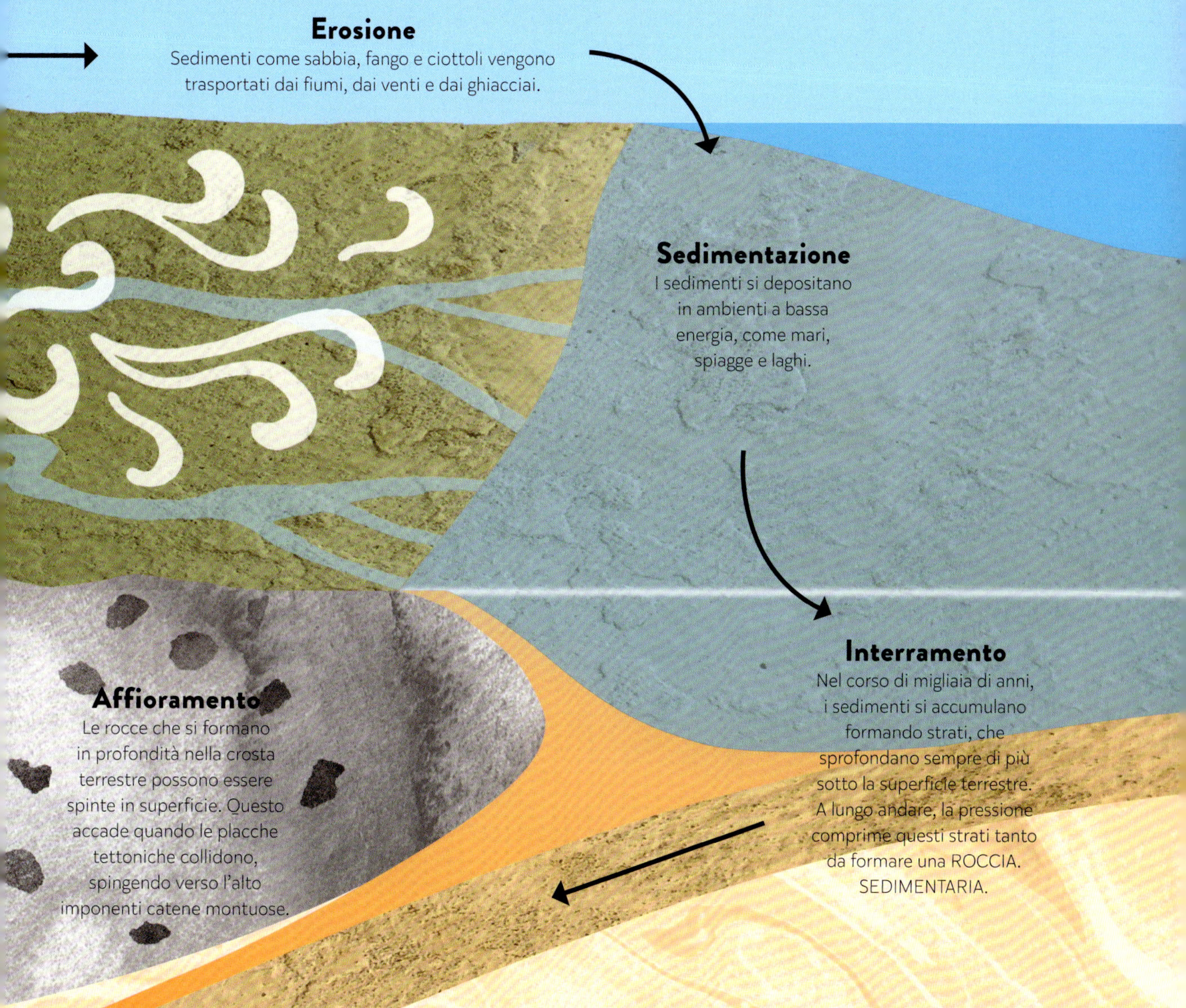

IL CICLO DELLE ROCCE

Nel corso di migliaia e milioni di anni, le rocce possono essere spostate, frantumate e completamente trasformate, fino a diventare nuove rocce. Possono essere trasportate dai fiumi e dai ghiacciai e depositate in luoghi diversi, possono fondersi a temperature estreme, deformarsi sotto un'altissima pressione nel profondo della crosta terrestre e a volte affiorare nuovamente in superficie. Tutti questi processi fanno parte del ciclo delle rocce; questo significa che tutte le rocce sulla Terra si trasformano lentamente da un tipo in un altro! Diamo un'occhiata da vicino.

LO SAPEVI?

Tra le rocce magmatiche vi sono le prime rocce solide comparse sulla Terra, ma anche alcune delle più recenti, che vengono eruttate continuamente dai vulcani attivi.

CHE COSA SONO LE ROCCE MAGMATICHE?

Le rocce magmatiche sono uno dei tre gruppi principali del ciclo delle rocce. Si formano quando le rocce fuse presenti nelle profondità della Terra si raffreddano e solidificano. La maggior parte delle rocce magmatiche è composta di un intricato miscuglio di cristalli. Si tratta di minerali magmatici dai caratteri molto vari: scopriamo la loro origine.

Agli inizi del Sistema Solare, masse rocciose in orbita intorno al Sole si scontrarono dando origine alla Terra. L'immenso calore prodotto da questi impatti rese fusa la superficie terrestre. Con il tempo, questa si raffreddò formando la crosta terrestre, costituita da rocce magmatiche.

Terra allo
stato fuso

DOVE SI FORMANO?

Le rocce magmatiche si raggruppano a seconda del luogo in cui si formano. Possono essere intrusive o effusive.

ROCCE MAGMATICHE INTRUSIVE

Le rocce magmatiche intrusive si formano dal magma presente nelle profondità della crosta terrestre e del MANTELLO. Parte di questo magma erutta dai vulcani e raggiunge la superficie della Terra, ma la maggior parte rimane intrappolata all'interno della crosta, dove si raccoglie in pozze chiamate camere magmatiche. Le temperature laggiù sono molto più elevate che in superficie, di conseguenza le rocce impiegano migliaia e perfino milioni di anni a raffreddarsi e diventare roccia solida.

FORMAZIONE DEI CRISTALLI

LO SAPEVI?

Le rocce effusive sono dette anche vulcaniche, da Vulcano, il dio romano del fuoco, mentre le rocce intrusive sono chiamate plutoniche, da Plutone, il dio romano degli Inferi.

ROCCE MAGMATICHE EFFUSIVE

La LAVA incandescente eruttata dai vulcani si raffredda rapidamente e solidifica in roccia, a volte nel giro di pochi minuti. Questo succede perché la superficie terrestre è molto più fredda della lava fusa, che può raggiungere temperature superiori ai 1200 °C!

Queste rocce si raffreddano molto rapidamente, quindi hanno cristalli **PICCOLI**, come il basalto e la riolite.

Queste rocce si raffreddano piuttosto lentamente, quindi hanno cristalli di **MEDIE** dimensioni, come la dolerite.

Queste rocce si raffreddano molto lentamente, quindi hanno cristalli di **GRANDI** dimensioni, come il gabbro e il granito.

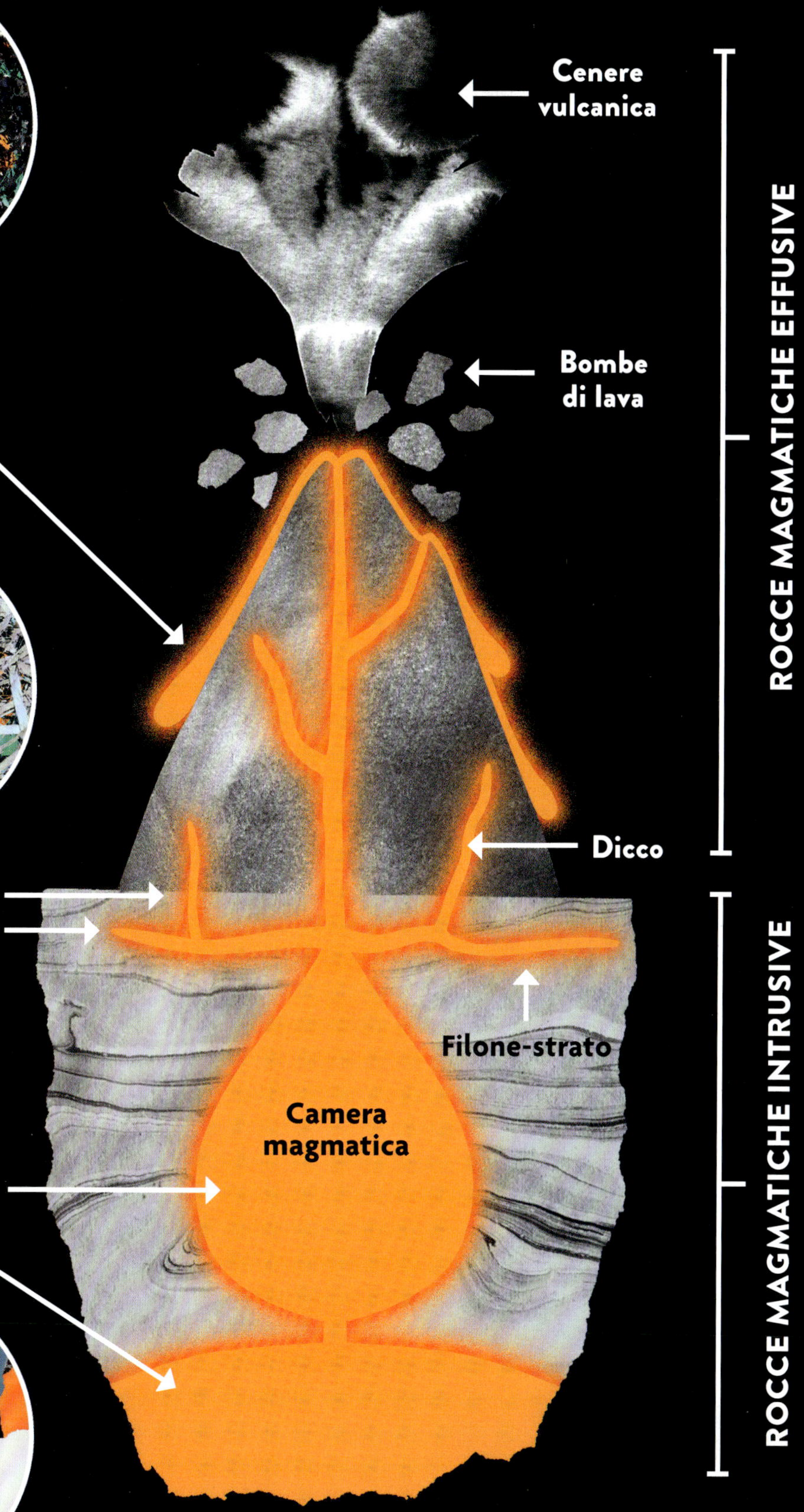

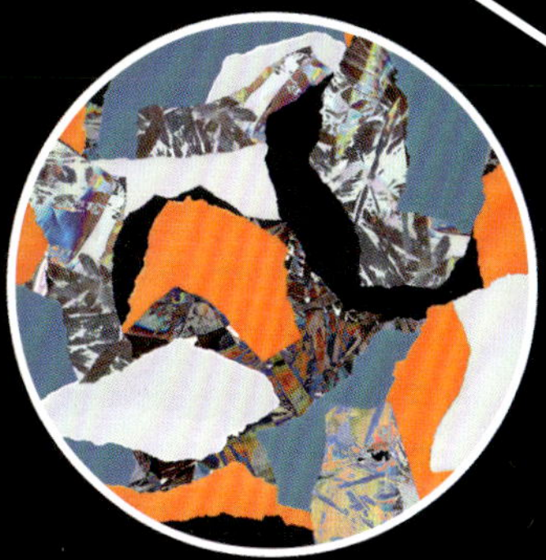

ROCCE MAGMATICHE INTRUSIVE

Esistono molti tipi differenti di rocce magmatiche intrusive. Tutte si formano sotto la superficie terrestre e di solito contengono CRISTALLI grandi e ben formati. Vediamo qualche esempio.

Granito

Il granito è una delle rocce magmatiche intrusive più comuni. Si forma nelle camere magmatiche e in grandi strutture all'interno della crosta terrestre. Per lo più è bianco, grigio o rosa.

Pegmatiti

Le PEGMATITI si formano ai bordi della camera magmatica e contengono spesso minerali preziosi come la tormalina, il topazio e il berillo.

Peridotite

Le rocce intrusive non si formano solo nella crosta terrestre. Il mantello della Terra è costituito di una roccia magmatica detta peridotite, che può risalire in superficie quando frammenti del mantello, chiamati XENOLITI, vengono intrappolati nel magma ed eruttano dai vulcani.

ROCCE MAGMATICHE EFFUSIVE

Le rocce magmatiche effusive si formano quando il magma fuso incandescente risale alla superficie della Terra. Qui si raffredda molto rapidamente e crea rocce magmatiche con cristalli molto piccoli. Vediamone alcuni tipi.

Lava fluida
La lava basaltica è molto liquida e scorre facilmente. Può formare colate di lava fluida con una superficie rugosa chiamate "flussi pahoehoe".

Capelli di Pele
Prendono nome dalla dea hawaiana dei vulcani. Si formano quando la lava fuoriesce da un vulcano e, per effetto del vento, si raffredda solidificando in sottili fili dorati.

LO SAPEVI?

Nel corso di un'eruzione, i vulcani possono lanciare in aria blocchi di lava chiamati "bombe vulcaniche", che solidificano durante il volo e solitamente assumono una forma a mandorla.

Ossidiana

È una roccia vulcanica, solitamente di colore scuro. Raffredda così velocemente che non ha il tempo di formare cristalli minerali.

Pomice

È una roccia di colore chiaro formata da lava schiumosa e gassosa. La pomice solidifica rapidamente, intrappolando molte bolle di gas, per questo è molto leggera e galleggia sull'acqua!

Blocchi di lava

Quando la lava contiene più SILICE, è più spessa e viscosa e tende a formare flussi appesantiti da detriti chiamati "blocchi di lava". L'andesite e la riolite sono comuni rocce effusive che formano flussi di lava a blocchi.

Feldspato

Ci sono due importanti tipi di feldspati nelle rocce magmatiche: il plagioclasio e il FELDSPATO di potassio. Sono entrambi minerali molto comuni.

LO SAPEVI?

Il più grande cristallo di feldspato di potassio è stato trovato in Russia: è lungo più di 10 metri, quasi quanto un autobus!

MINERALI MAGMATICI

Le rocce magmatiche sono composte in gran parte da un gruppo di minerali detti SILICATI, formati a partire dall'elemento SILICIO. I minerali magmatici si formano durante il raffreddamento e la solidificazione delle rocce fuse. Quali minerali solidificano dipende da tre fattori: la componente chimica del magma, la temperatura di fusione e il tempo di raffreddamento. Esaminiamo insieme otto minerali che si trovano comunemente nelle rocce magmatiche.

Quarzo

Il quarzo è uno dei minerali più comuni sulla superficie terrestre. Di solito è incolore e trasparente, ma in specifiche condizioni può assumere svariate colorazioni. Anche se si forma nelle rocce magmatiche, il quarzo è spesso presente anche nelle rocce metamorfiche e sedimentarie.

Muscovite (mica)

Miche

Sono minerali molto comuni nelle rocce magmatiche. Si distinguono da altri minerali magmatici perché sono brillanti e disposti come sottili fogli di carta trasparente. In questa pagina puoi vederne due tipi.

Biotite (mica)

Pirosseno

Il pirosseno è un minerale comune nelle rocce basaltiche che si trovano nelle aree vulcaniche, come le isole Hawaii.

Olivina

L'olivina è facilmente riconoscibile per il suo intenso colore verde. Si trova comunemente nelle rocce basaltiche presenti in Islanda, nelle isole Galapagos e alle Hawaii. Inoltre, è uno dei principali minerali presenti nel mantello terrestre.

Orneblenda, un tipo di anfibolo

Anfiboli

Sono un gruppo di minerali molto scuri che si trovano nelle rocce magmatiche e metamorfiche.

CHE MERAVIGLIA!

Rocce e formazioni magmatiche hanno modellato alcuni dei paesaggi più spettacolari del mondo. In queste pagine esploreremo insieme alcuni tra i più affascinanti.

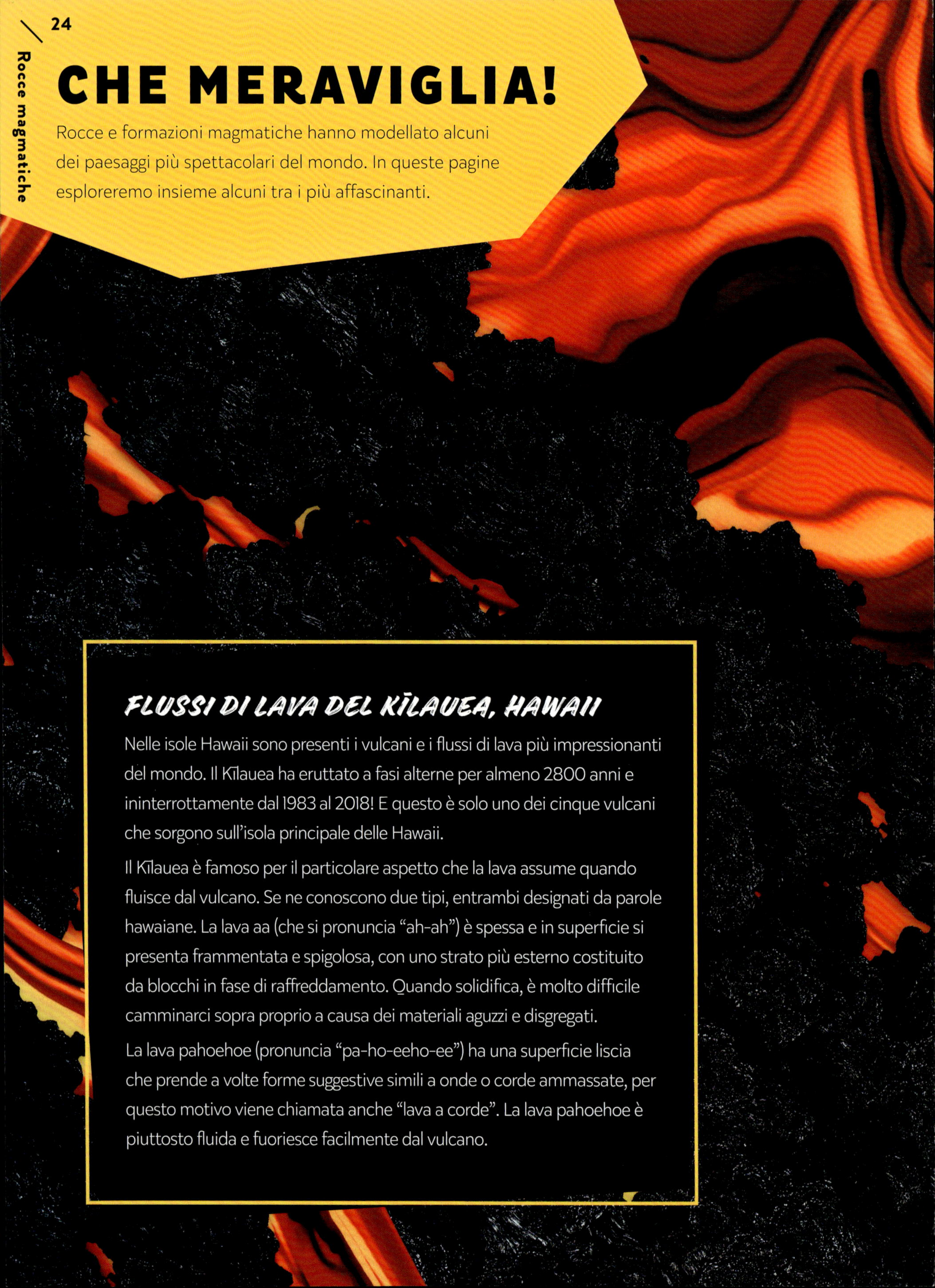

FLUSSI DI LAVA DEL KĪLAUEA, HAWAII

Nelle isole Hawaii sono presenti i vulcani e i flussi di lava più impressionanti del mondo. Il Kīlauea ha eruttato a fasi alterne per almeno 2800 anni e ininterrottamente dal 1983 al 2018! E questo è solo uno dei cinque vulcani che sorgono sull'isola principale delle Hawaii.

Il Kīlauea è famoso per il particolare aspetto che la lava assume quando fluisce dal vulcano. Se ne conoscono due tipi, entrambi designati da parole hawaiane. La lava aa (che si pronuncia "ah-ah") è spessa e in superficie si presenta frammentata e spigolosa, con uno strato più esterno costituito da blocchi in fase di raffreddamento. Quando solidifica, è molto difficile camminarci sopra proprio a causa dei materiali aguzzi e disgregati.

La lava pahoehoe (pronuncia "pa-ho-eeho-ee") ha una superficie liscia che prende a volte forme suggestive simili a onde o corde ammassate, per questo motivo viene chiamata anche "lava a corde". La lava pahoehoe è piuttosto fluida e fuoriesce facilmente dal vulcano.

LO SAPEVI?
Il Kīlauea (pronuncia "ki-uh-way-ah") è uno dei vulcani più attivi al mondo!

LO SAPEVI?
Nel Selciato del gigante ci sono circa 40.000 colonne incastrate tra loro.

SELCIATO DEL GIGANTE, IRLANDA DEL NORD

L'imponente Selciato del gigante, nell'Irlanda del Nord, è formato da rocce basaltiche che si presentano come una distesa di blocchi esagonali accatastati sulla spiaggia. Questa formazione si creò quando un enorme flusso di lava invase la zona: quando la lava cominciò a raffreddarsi e a solidificare, nella roccia si aprirono fratture esagonali, da cui derivarono le migliaia di colonne che si ammirano oggi.

MONTE EREBUS, ANTARTIDE

Il Monte Erebus è il vulcano più attivo dell'Antartide e quello più a sud di tutto il mondo. L'Erebus gorgoglia continuamente ed erutta gas e bombe vulcaniche. L'ambiente glaciale in cui si trova fa sì che abbia caratteristiche insolite. Sulle sue pendici si aprono numerose caverne di ghiaccio, scavate dai gas caldi provenienti dal vulcano. Alcune di queste caverne sono sormontate da torri di ghiaccio che si formano quando il vapore che fuoriesce dalle cavità si raffredda a contatto con l'aria gelida. Questo fenomeno punteggia il paesaggio di caratteristici cumuli ghiacciati.

LO SAPEVI?

Le torri di ghiaccio formate dal vapore possono raggiungere i 20 metri di altezza!

CHE COSA SONO LE ROCCE SEDIMENTARIE?

Le rocce sedimentarie sono il secondo gruppo del ciclo delle rocce. Sono le più comuni sulla superficie terrestre, dato che ricoprono il 75% della terraferma e oltre il 90% dei fondali marini. Si dividono in tre gruppi fondamentali: CLASTICHE, chimiche e ORGANICHE.

Le rocce sedimentarie clastiche, come l'arenaria e l'argillite, sono costituite da piccoli frammenti di altre rocce che vengono compressi e cementati fra loro. Le rocce di origine organica, come il carbone e il calcare, hanno origine dai resti di antiche piante e animali. Le rocce chimiche, come il gesso e il salgemma, si formano attraverso processi chimici di evaporazione e precipitazione. Ora diamo uno sguardo più da vicino!

LO SAPEVI?

Le rocce sedimentarie si depositano in STRATI sovrapposti. A meno che non siano stati inclinati e piegati, gli strati più antichi si trovano alla base della formazione rocciosa, mentre i più recenti sono i più superficiali.

ROCCE SEDIMENTARIE CLASTICHE

Le rocce sedimentarie clastiche sono formate da frammenti di altre rocce compattati e cementati insieme.

1. Nel corso di migliaia di anni, anche le rocce più dure possono essere consumate. Gelo, ghiaccio, acqua corrente, onde dirompenti, gas atmosferici, ma anche radici di piante e scavi di animali possono rompere le rocce, formando pezzi più piccoli chiamati "sedimenti".

2. Una volta che si sono formati, i sedimenti vengono trasportati lontano dalle forze della natura, come fiumi, inondazioni, venti e ghiacciai, e possono ritrovarsi a migliaia di chilometri di distanza dal luogo di partenza.

3. Quando un fiume raggiunge il mare o un ghiacciaio fonde, perdono energia e rilasciano i sedimenti che trattenevano. Strati di sedimenti si depositano così sul fondo dei laghi, degli oceani, nei letti fluviali e sulle dune del deserto. Nel tempo, questi strati si accumulano, comprimendo quelli più antichi sul fondo. La PRESSIONE provoca l'espulsione di acqua dai sedimenti, come succede se schiacci una spugna, e li incolla insieme formando una ROCCIA SEDIMENTARIA CLASTICA.

Ci sono molti tipi di rocce sedimentarie clastiche, vediamone qualche esempio:

Arenaria

L'arenaria è una roccia clastica formata da milioni di granelli di sabbia.

Argillite

L'argillite è una roccia di colore scuro, formata da microscopici frammenti di fango e argilla.

Conglomerato

Sono rocce formate da un insieme di ciottoli più grandi e arrotondati.

Breccia

Le brecce sono formate da pezzi di roccia piuttosto grandi, frantumati e con margini seghettati.

ROCCE SEDIMENTARIE CHIMICHE

Non tutte le rocce sedimentarie sono formate dai residui frantumati di altre rocce. Alcune si sono formate attraverso processi chimici.

Vi siete mai chiesti perché l'acqua di mare è così salata? Il motivo è che contiene molti minerali disciolti, tra cui il sale. Quando l'acqua di mare si riscalda, EVAPORA e lascia dietro di sé questi minerali, come il gesso e il sale, sotto forma di depositi solidi. A volte un intero mare può prosciugarsi completamente, creando un gigantesco bacino colmo di gesso e sali minerali. Pensa che, cinque milioni di anni fa, l'intero Mare Mediterraneo si prosciugò!

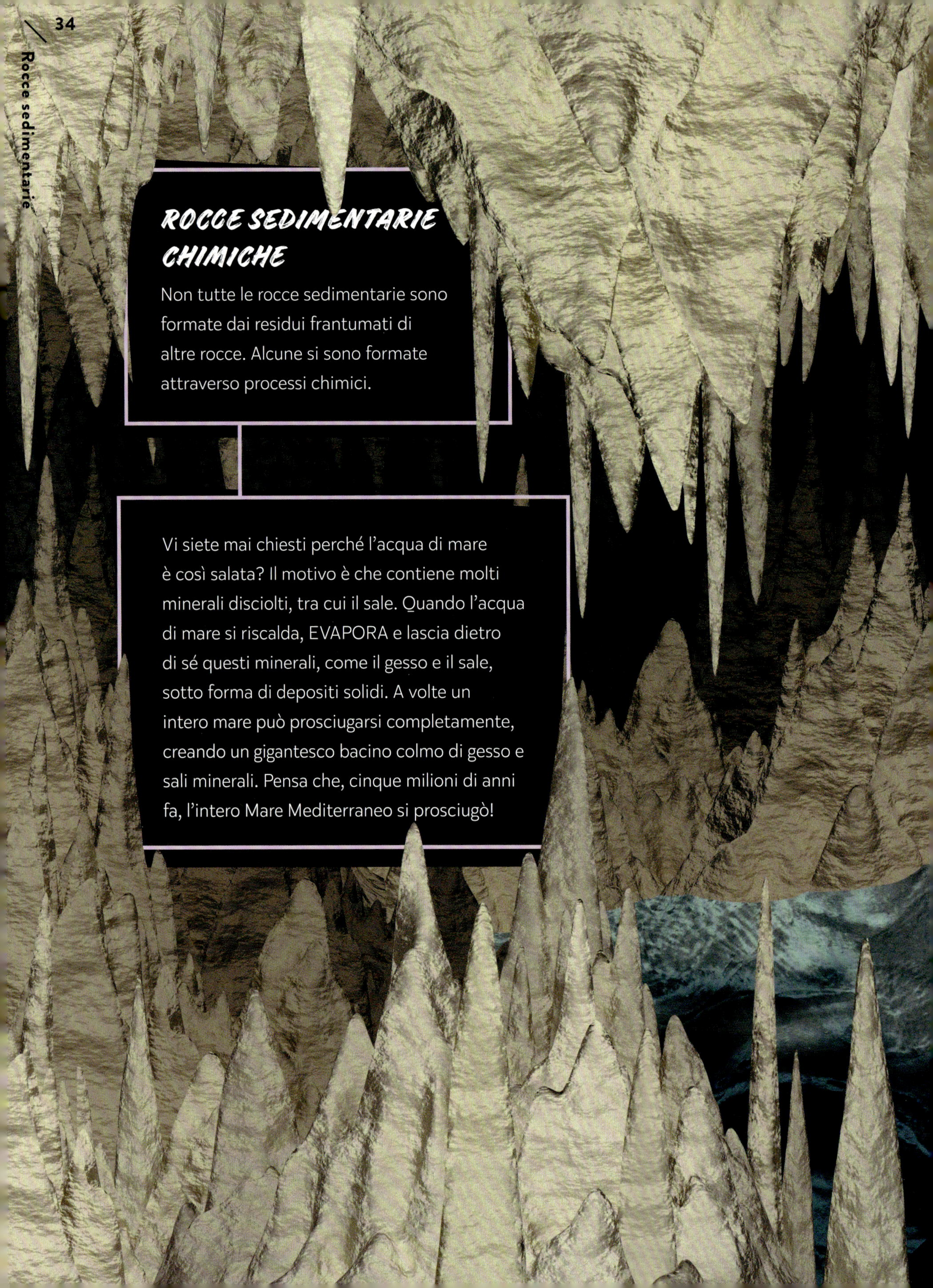

LO SAPEVI?

Per distinguere le stalattiti dalle stalagmiti ricorda che le stalattiti pendono dal soffitto della caverna, come dei calzini stesi ad asciugare!

Anche le acque dolci di laghi e fiumi contengono minerali disciolti, tra cui la calcite, che spesso si deposita quando l'acqua evapora nelle caverne. Nel corso di migliaia di anni, gli strati di calcite si accumulano creando stalattiti e stalagmiti, strutture simili a ghiaccioli di pietra!

Calcare chimico

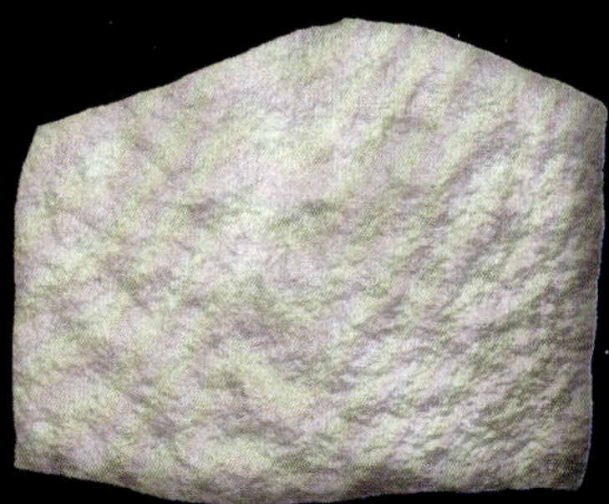

ESEMPI DI ROCCE CHIMICHE

Gesso

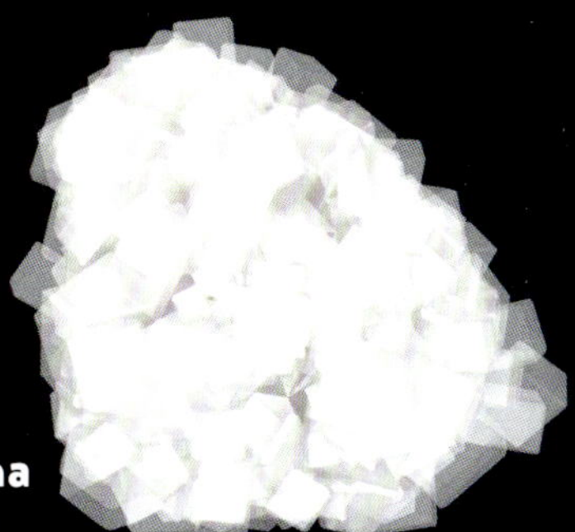

Salgemma (halite)

ROCCE SEDIMENTARIE ORGANICHE

Alcune rocce sedimentarie sono formate da resti animali e vegetali fissati tra loro. Queste rocce, chiamate ORGANICHE, contengono spesso pezzetti di coralli, conchiglie, ossa, foglie, radici e microscopiche creature marine chiamate PLANCTON. Le rocce sedimentarie organiche si formano in modo simile a quello delle rocce clastiche: frammenti di piante e animali morti precipitano sul fondo del mare e dei laghi, accumulandosi in spessi strati. Nel corso di milioni di anni, questi strati sepolti, compressi e rinsaldati formano rocce sedimentarie organiche come il calcare, il gesso e il carbone.

Calcare

Il calcare è una roccia sedimentaria molto comune, formata dal minerale calcite. Si tratta di una roccia sedimentaria organica quando proviene da plancton marino, corallo e gusci di conchiglie, ma può anche avere un'origine chimica.

Gesso

Il gesso è un tipo di roccia tenera, friabile, bianca, costituita quasi interamente da microscopico plancton marino, chiamato “coccolitoforo”. Questo tipo di roccia si forma in mari tropicali poco profondi e costituisce, per esempio, le famose bianche scogliere di Dover, nel Sud dell’Inghilterra.

Carbone

360 milioni di anni fa, in un periodo chiamato Carbonifero, la maggior parte della Terra era ricoperta da calde paludi tropicali. Antiche piante, come le CICADOFITE e le felci, caddero in queste paludi e furono compresse, così, con il tempo, si trasformarono nella roccia nera e polverosa che tutti conosciamo come carbone.

IDENTIFICARE LE ROCCE SEDIMENTARIE

Le rocce sedimentarie si dividono in due gruppi principali in base alla loro origine. Le rocce formate da frammenti di altre rocce frantumate vengono chiamate rocce sedimentarie clastiche. Ci sono poi le rocce costituite da minerali nuovi, che hanno avuto origine attraverso processi chimici.

Granelli spigolosi

MINERALI NELLE ROCCE SEDIMENTARIE CLASTICHE

Molti dei minerali che si trovano in queste rocce li abbiamo già visti: tra questi ci sono minerali comuni come il quarzo, il feldspato e la mica (pag. 22). Nel classificare le rocce sedimentarie clastiche, la cosa più importante è analizzare la forma e le dimensioni dei granelli che le costituiscono. Questi possono avere margini frastagliati o aguzzi, come una scheggia di vetro, o arrotondati e lisci come i sassolini delle spiagge.

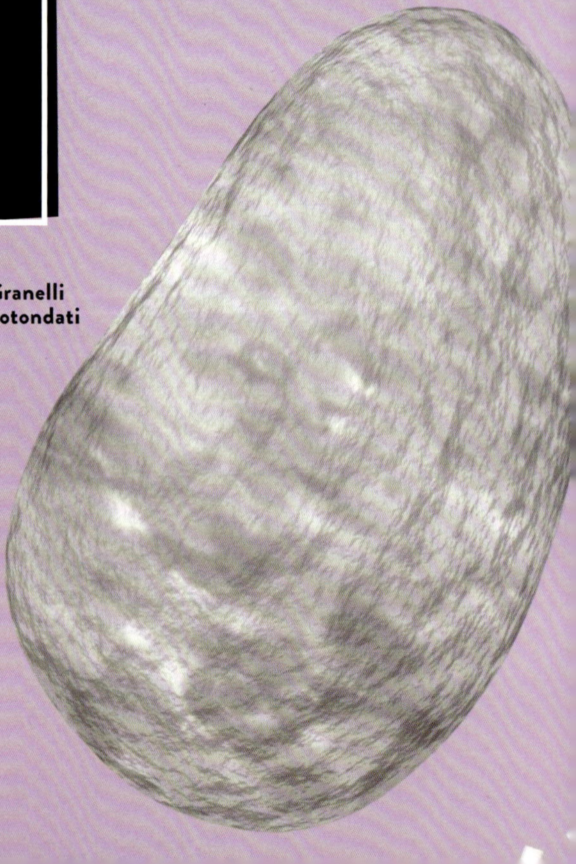

Granelli arrotondati

Le rocce con granelli molto spigolosi non hanno viaggiato a lungo prima di diventare parte di una nuova roccia, per questo i loro bordi non sono stati smussati.

Rocce con granelli lisci e arrotondati, invece, hanno fatto molta strada e sono state erose e logorate dall'acqua, dal ghiaccio e dal vento prima di depositarsi.

MINERALI NELLE ROCCE SEDIMENTARIE CHIMICHE

Le rocce sedimentarie chimiche contengono minerali derivati da processi chimici, come l'evaporazione e la precipitazione.

Gesso

Il gesso è un minerale bianco o quasi trasparente che si forma quando vaste zone di acqua marina evaporano, a volte nel corso di milioni di anni. Può presentarsi sotto forma di cristalli o strati.

Salgemma (halite)

Il salgemma si forma in modo analogo al gesso, ma contiene elementi chimici leggermente differenti. Chiamato anche "sale di rocca", è lo stesso sale che si usa per cucinare!

Ma non c'è solo sale disciolto nell'acqua marina e nell'acqua dolce: le varie sostanze chimiche che si trovano nell'acqua possono precipitare sul fondo e formare nuove rocce sedimentarie.

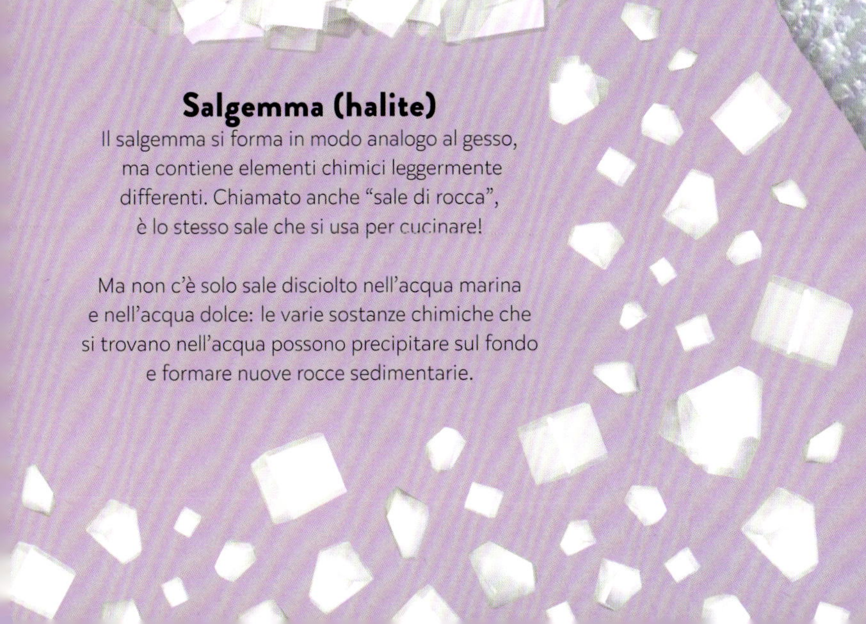

Calcite

Uno dei più importanti minerali sedimentari è la calcite. Di colore solitamente bianco, è uno dei minerali più diffusi sulla superficie terrestre. È il componente principale del calcare, una roccia molto comune, ed è presente anche nel gesso.

CHE MERAVIGLIA!

Anche le rocce e le formazioni sedimentarie hanno creato alcuni degli scenari più spettacolari del mondo! Ora ne vedremo insieme tre dei più interessanti, ma ce ne sono moltissimi altri che potrete scoprire nei vostri viaggi.

THE WAVE, ARIZONA, USA

The Wave (l'onda) è una straordinaria formazione di arenaria rossa che sorge nel deserto dell'Arizona, negli Stati Uniti. Famosa per l'aspetto a strisce ondulate, attira visitatori da tutto il mondo. Le rocce rivelano una serie di dune di sabbia che nel corso del tempo si sono indurite e congelate. L'andamento delle strisce, o strati, è dovuto ai cambiamenti di direzione del vento che soffiava quando le dune si stavano formando. Queste rocce sono una finestra che ci porta indietro nel tempo, mostrandoci le condizioni che esistevano in questo deserto 200 milioni di anni fa, nel lontano Giurassico.

LO SAPEVI?

Nell'arenaria di questa zona sono state trovate impronte di dinosauri e perfino alcune ossa.

BAIA DI HA LONG, VIETNAM

La baia di Ha Long, nel Vietnam del nord, è una bella baia tropicale disseminata di grandi formazioni calcaree che si innalzano dall'acqua. Si tratta di formazioni di tipo CARSICO. Il calcare carsico è prodotto dagli effetti della pioggia sul calcare. L'acqua piovana è debolmente acida (non quanto il succo di limone); quando bagna il calcare può sciogliere la calcite presente nella roccia e trascinarla via. Nel corso del tempo, questo fenomeno causa profonde erosioni, che danno origine a forme dai caratteri insoliti, come quelle che si vedono nella baia di Ha Long. Questo processo può scavare anche suggestive caverne nella roccia calcarea.

LO SAPEVI?

Nella baia di Ha Long
ci sono circa 2000 isole
di rocce appuntite!

LO SAPEVI?

All'interno della caverna, temperatura e umidità sono così elevate che gli scienziati devono indossare speciali indumenti rinfrescanti per entrarvi. Non è consentito stare all'interno per più di 45 minuti.

GROTTA DEI CRISTALLI, MESSICO

Questa caverna in Messico contiene alcuni dei più grandi cristalli di gesso mai rinvenuti; il più grande misura ben 12 metri, più di due giraffe messe una sull'altra! All'interno, la temperatura può raggiungere i 58 °C. L'insolito ambiente che si è creato in una caverna isolata dal mondo esterno, caratterizzato da temperature così elevate, ha portato alla crescita di questi enormi cristalli.

CHE COSA SONO I FOSSILI?

I FOSSILI sono resti e tracce di piante e animali preistorici conservati nelle rocce sedimentarie. Il ritrovamento e lo studio dei fossili ci forniscono informazioni sulle creature straordinarie che un tempo vagavano per i vecchi continenti e nuotavano nei mari primordiali.

I fossili si distinguono in due categorie principali: resti fossili e tracce fossili. I primi sono i più comuni sulla Terra; si tratta di resti di animali e piante – per esempio ossa, denti, rami e conchiglie. Le tracce fossili sono segni lasciati da antiche forme di vita animali e vegetali. Possono essere orme di zampe, nidi, impronte di foglie o conchiglie, tane e anche feci fossilizzate.

LO SAPEVI?

Alcuni dei più antichi fossili animali provengono dalle rocce dell'Argillite di Burgess, in Canada. Questi fossili forniscono un'istantanea della vita sulla Terra 500 milioni di anni fa, quando creature come il predatore *Anomalocaris*, lo "spinoso" *Hallucigenia* e l'*Opabinia* dai cinque occhi popolavano gli antichi mari.

COME SI FORMANO?

La maggior parte dei fossili si forma quando un essere vivente si trasforma in pietra. Perché questo succeda, un animale o una pianta deve essere interrato appena morto, prima che si decomponga o venga mangiato dagli animali. Prendiamo un ittiosauro, un rettile marino del Giurassico, per vedere come funziona questo processo.

Catrame e ambra

I fossili si possono formare quando animali e piante vengono inglobati in materiali appiccicosi come il CATRAME e le resine degli alberi. Con il tempo, questi induriscono e possono conservare intatti i resti degli organismi intrappolati al loro interno. Molti fossili che risalgono alla più recente era glaciale sono stati rinvenuti in fosse di catrame.

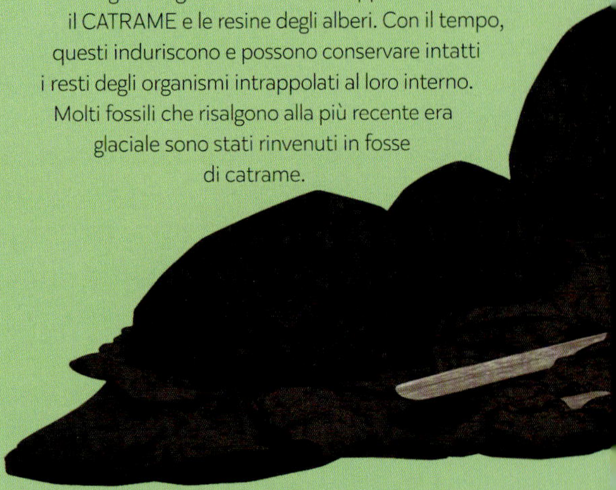

Un ictiosauro muore e precipita sul fondo del mare, dove viene sepolto dal fango.

Nel corso del tempo, strati di fango e sabbia si depositano sull'ittiosauro, fino a schiacciarlo. Le parti molli del rettile si decompongono, ma i minerali dissolti nell'acqua sotterranea filtrano nelle ossa dell'ittiosauro e le trasformano in pietra. Questo processo è chiamato fossilizzazione e di solito impiega milioni di anni.

Ghiaccio

Un altro modo in cui si formano i fossili è attraverso il congelamento. In questo caso, i corpi animali e vegetali perdono i loro liquidi, si restringono e diventano mummificati. Questo processo può preservare per migliaia di anni elementi delicati come frammenti di pelle, piume, capelli e perfino l'ultimo pasto di un animale.

Il peso e la pressione degli strati superiori causano la trasformazione del fango e della sabbia intorno all'ittiosauro in roccia sedimentaria.

I movimenti della crosta terrestre riportano in superficie le rocce che contengono il fossile. Qui vengono erose lentamente dal vento, dalle piogge e dai ghiacci.

Infine il fossile di ittiosauro si ritrova esposto all'aria e può essere trovato da un fortunato cercatore di fossili.

Coralli

Forse non lo sai, ma anche i coralli sono animali. Comparvero oltre 500 milioni di anni fa, nel periodo Cambriano, e da allora continuano a vivere nei mari caldi e poco profondi.

Ammoniti

Le ammoniti, forse gli invertebrati fossili più conosciuti, vissero nel periodo Giurassico ed erano simili ai calamari. Si muovevano nel mare attraverso un sistema propulsivo di getti d'acqua accumulata all'interno delle loro conchiglie a spirale.

INVERTEBRATI FOSSILI

Come gli animali odierni, anche i fossili si dividono in VERTEBRATI e INVERTEBRATI, a seconda che derivino da animali con o senza colonna vertebrale. I fossili di invertebrati sono quelli più comuni.

Trilobiti

I trilobiti sono imparentati con gli scorpioni e i crostacei. Avevano grandi occhi formati da migliaia di piccole lenti ed erano protetti da scheletri che abbandonavano via via che crescevano. I trilobiti popolarono i mari per oltre 250 milioni di anni, prima di estinguersi alla fine del periodo Permiano.

Crinoidi

Questi strani animali vivevano in grandi colonie attaccati a relitti galleggianti o alle rocce sul fondo del mare. La loro evoluzione iniziò 500 milioni di anni fa e ancora oggi ne sopravvive qualche specie.

Bivalvi

I bivalvi sono animali dotati di una conchiglia, come le ostriche, le capesante e le cozze. La *Gryphaea*, chiamata anche "unghia del diavolo" per la sua forma, era un bivalve molto comune, ritrovato nelle rocce calcaree del Giurassico.

VERTEBRATI FOSSILI

I vertebrati fossili sono costituiti dai resti fossilizzati di animali dotati di spina dorsale. Esistono migliaia di specie differenti di vertebrati fossili, dai piccoli toporagni ai giganteschi dinosauri. Ecco qualche esempio tra i più famosi:

Archaeopteryx

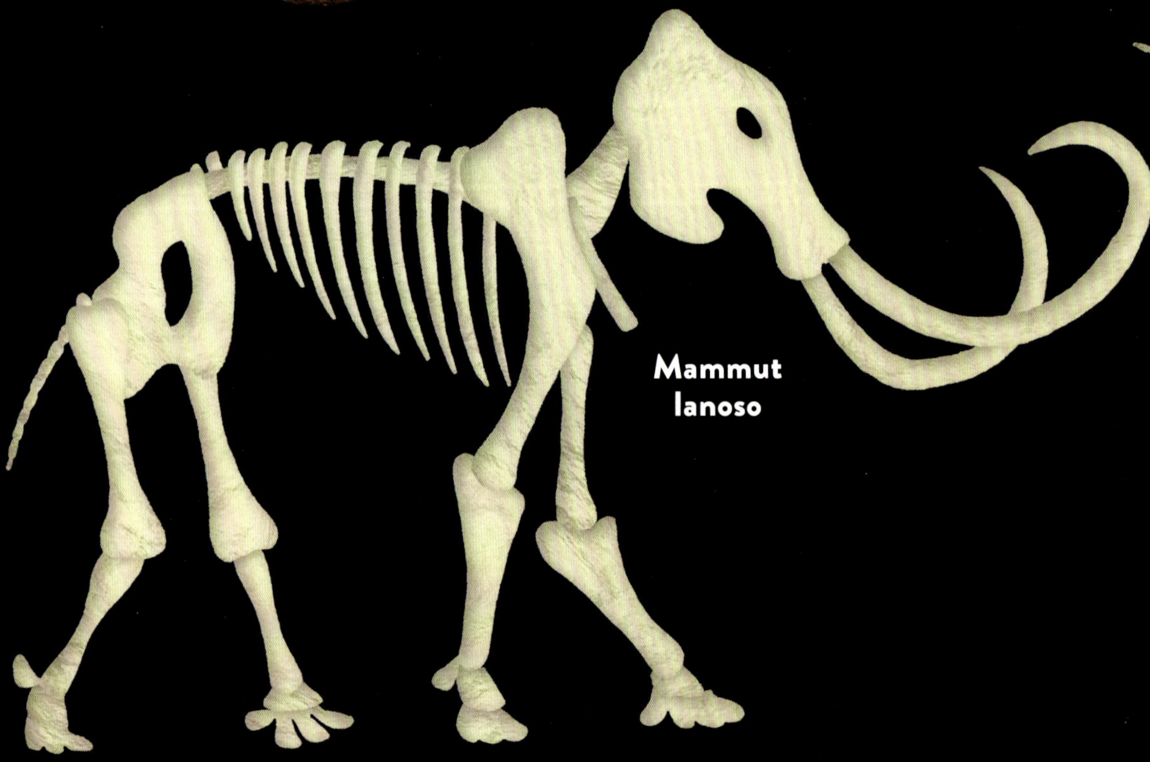

Mammut lanoso

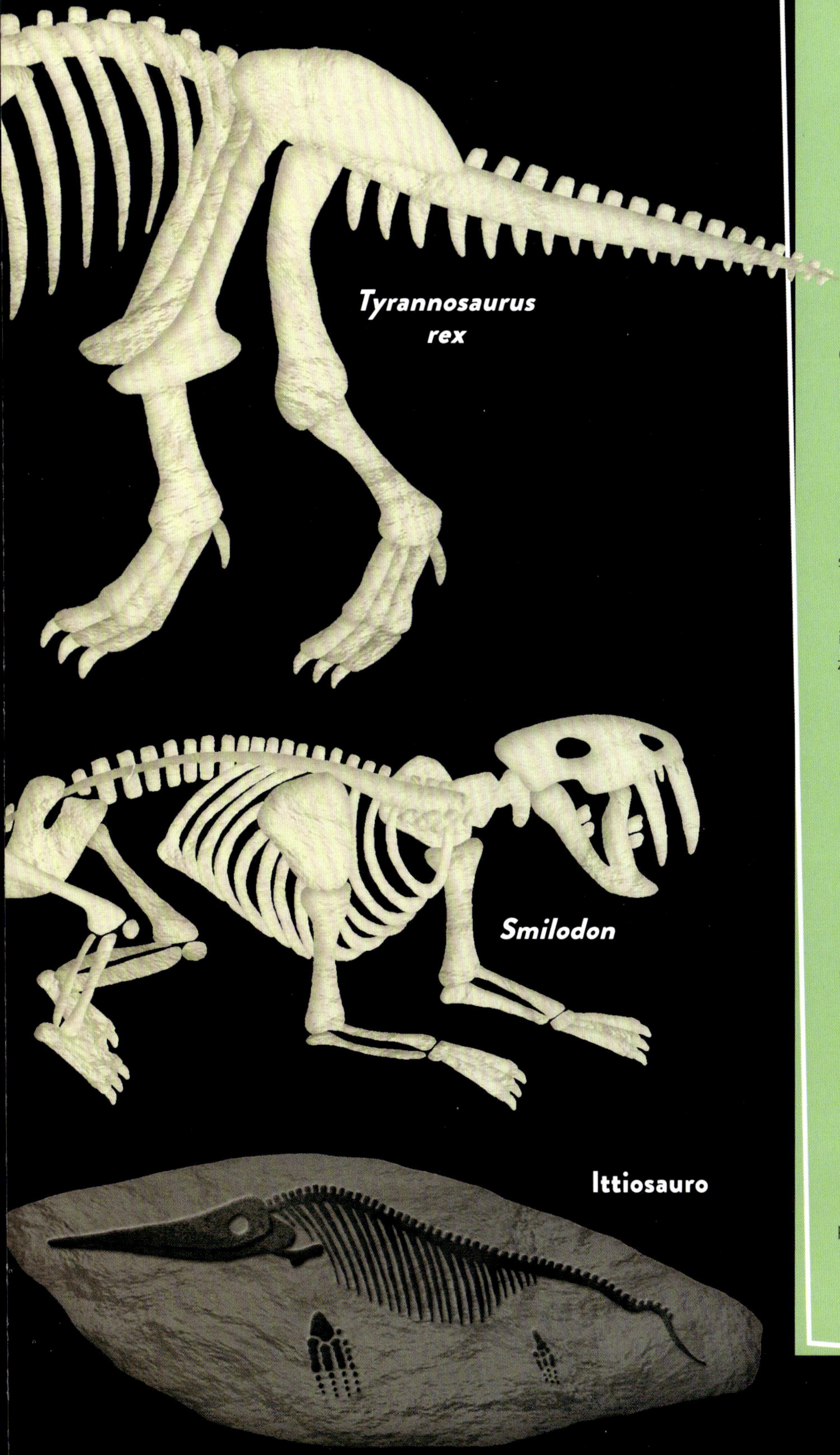

Archaeopteryx

Sebbene sembri un uccello, è in realtà un dinosauro del Giurassico. Aveva penne e ali ed era in grado di volare e planare tra gli alberi.

Tyrannosaurus rex

Questo temibile dinosauro fece la sua comparsa e si diffuse durante il periodo Cretaceo. Aveva denti enormi e aguzzi e mascelle così forti da triturare le ossa.

Smilodon

Questa tigre dai denti a sciabola visse durante l'ultima era glaciale. Si ritiene che usasse gli enormi incisivi, insieme alla muscolatura delle zampe anteriori, per trafiggere il collo delle prede.

Mammut lanoso

Uno tra i fossili più famosi, il mammut lanoso, si estinse circa 10.000 anni fa. Come suggerisce il nome, era ricoperto da uno spesso strato di peli, essenziale per conservare il calore alle gelide temperature dell'ultima era glaciale.

Ittiosauro

Questo rettile marino assomigliava a un delfino preistorico. Aveva occhi enormi e denti molto affilati per nutrirsi di ammoniti, pesci e anche altri ittiosauri.

CHE COSA SONO LE ROCCE METAMORFICHE?

Le rocce metamorfiche sono uno dei tre tipi principali del ciclo delle rocce, insieme alle rocce magmatiche e a quelle sedimentarie. Si formano per compressione e riscaldamento di resti di rocce dei primi due tipi.

In genere le rocce sono molto difficili da schiacciare o sbriciolare con le mani, perché sono durissime e rigide, ma nelle profondità della Terra, la pressione e la temperatura raggiungono livelli sorprendenti. All'interno della crosta le temperature possono superare i 700 °C – sette volte più di un bollitore! Il peso di tutte le rocce accumulate al di sopra fa sì che quelle all'interno si comportino come plastilina: possono torcersi, frantumarsi e trasformarsi in rocce completamente differenti. Questo processo è chiamato METAMORFISMO.

DOVE SI FORMANO LE ROCCE METAMORFICHE?

Le rocce metamorfiche si formano in aree sottoposte a temperature o pressioni molto elevate, o entrambe le condizioni. L'intenso calore necessario per il metamorfismo può provenire dalle profondità della Terra o da aree in cui c'è magma caldo, in grado di cuocere le rocce solide circostanti.

Le pressioni molto elevate si possono trovare a grandi profondità o dove parti della crosta si scontrano tra loro. Questo si è verificato, per esempio, nella catena himalayana, in India, o nelle Alpi, in Europa: le placche che formano la crosta terrestre, collidendo tra loro, hanno sollevato grandi montagne. Queste forze immense cambiano e trasformano anche le rocce.

COME SI FORMANO?

Esistono tre modalità differenti in cui le rocce possono essere modificate dal calore e dalla pressione così da formare rocce metamorfiche...

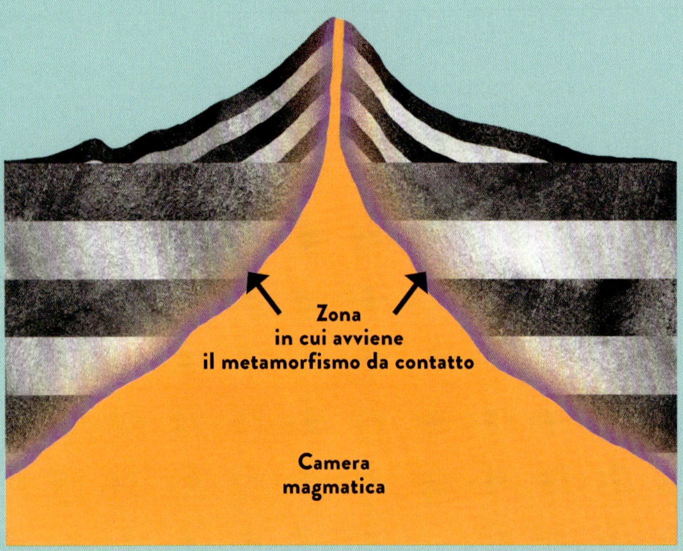

Metamorfismo da contatto

Avviene quando il calore della roccia fusa provoca trasformazioni nelle rocce circostanti. In questo caso la variazione di temperatura è più importante della pressione.

Metamorfismo regionale

Si verifica quando le rocce sono sepolte profondamente nella crosta, spesso a oltre 10 km di profondità, dove le temperature sono ben più alte! Il peso delle rocce sovrastanti e la forza delle placche tettoniche che si muovono una verso l'altra possono indurre la trasformazione delle rocce. Questo tipo di rocce si forma spesso alla base di grandi catene montuose, come l'Himalaya.

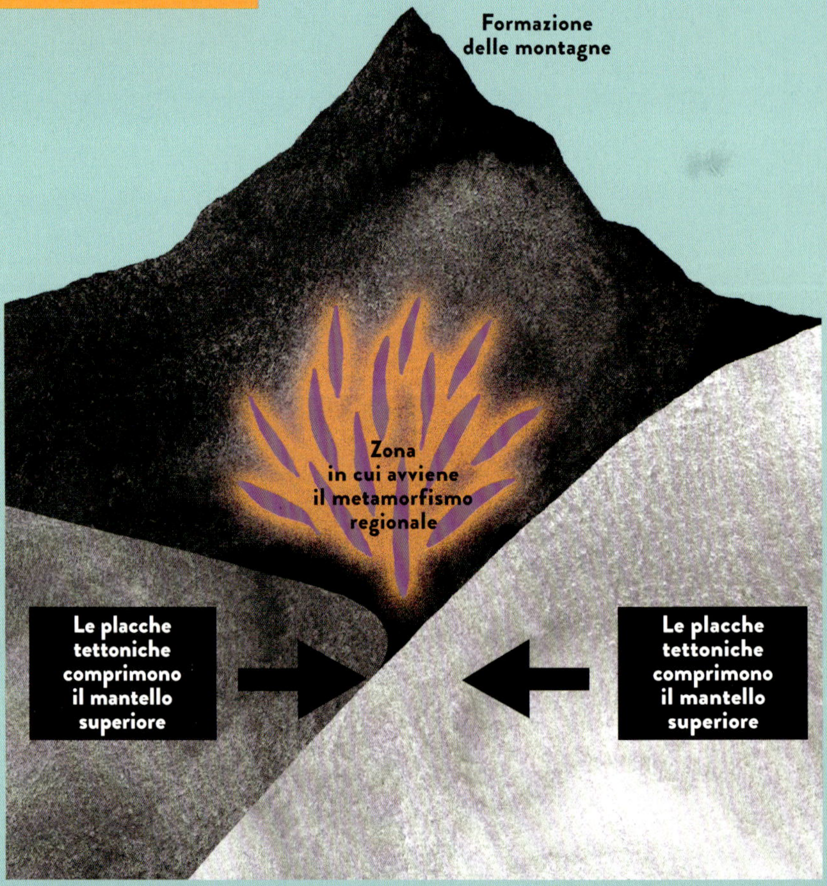

Nelle profondità della Terra le pressioni sono molto alte, ma non sono uguali in tutte le direzioni. Per esempio, durante la formazione di montagne, la pressione è molto più alta nella direzione indicata dalle frecce.

Metamorfismo idrotermale

C'è un terzo tipo di metamorfismo chiamato "idrotermale". Questo avviene quando fluidi caldi contenenti una grande quantità di elementi chimici attraversano le rocce; al loro passaggio, possono indurre cambiamenti nei minerali e depositarne di nuovi.

LO SAPEVI?

Il metamorfismo idrotermale è spesso responsabile della formazione di importanti depositi di oro e rame!

COME SI MODIFICANO LE ROCCE?

Il motivo per cui le rocce sono presenti sulla superficie della Terra è che, all'interno della crosta, enormi forze le comprimono, spingendole a risalire. Una volta affiorate, le rocce si trovano esposte all'erosione (oltre che al nostro sguardo).

Calore e pressione hanno un grande impatto sulle rocce. La pressione può torcerle e schiacciarle. Il calore può modificare i minerali formando nuove strutture o causare modificazioni chimiche da cui avrà origine una roccia metamorfica composta da nuovi minerali.

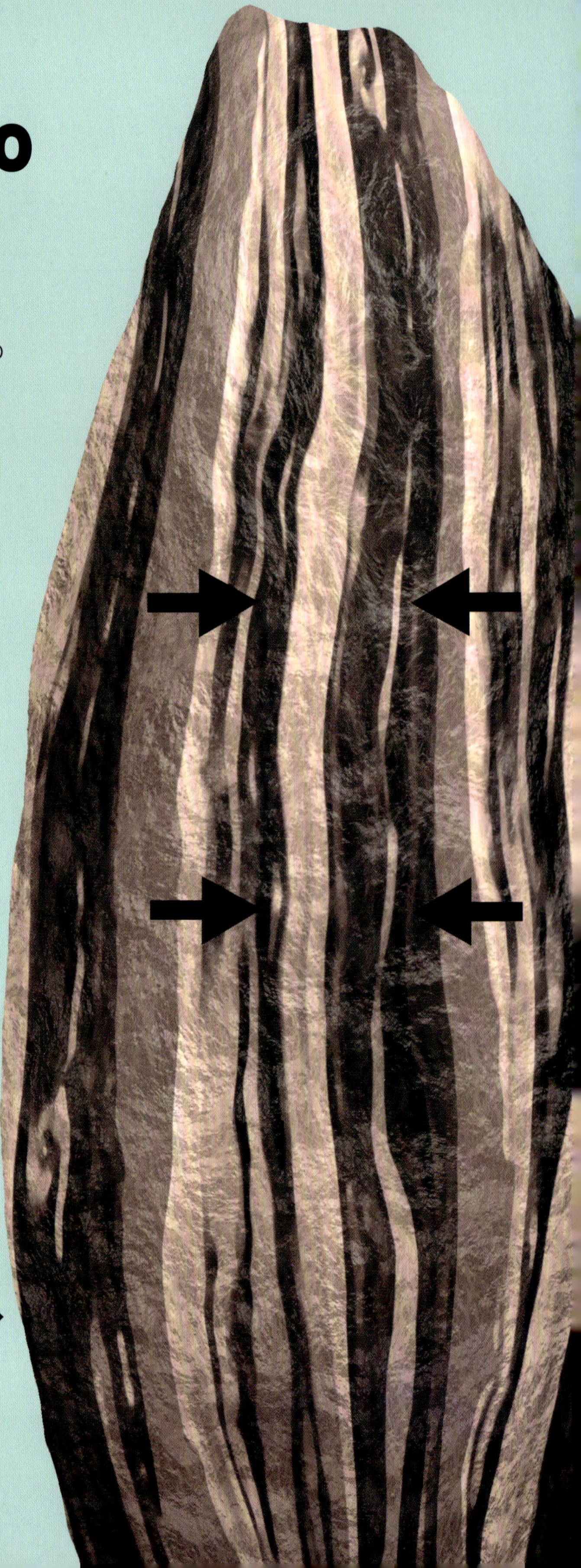

Se un pezzo di roccia viene riscaldato e compresso con una forza molto intensa, i minerali di forma piatta che contiene iniziano ad allungarsi in bande, creando delle linee nella roccia, dette "bandature".

Quando la roccia è schiacciata in questa direzione, i minerali si allungano nella direzione opposta. Ne consegue che le bande si formano con questo orientamento.

Possiamo vedere le bande nella roccia perché sono caratterizzate dalla presenza di minerali di diverso colore, che le danno un aspetto a strisce.

TIPI DI ROCCE METAMORFICHE

La quantità di bande presenti in una roccia è legata al “grado di metamorfismo”: aumentando calore e pressione, aumentano il cambiamento e il grado di metamorfismo.

Per capire meglio, seguiamo le trasformazioni di una roccia che passa attraverso i differenti gradi di metamorfismo.

Partiamo da un’argillite ritrovata sul fondo del mare: che cosa le succederà ora?

METAMORFISMO CRESCENTE

Ardesia

Se la roccia è sottoposta a calore e pressione moderati, la prima roccia metamorfica che si forma dall’argillite è l’ardesia. Probabilmente l’avrai vista più volte, dato che si usa nella copertura dei tetti, nella pavimentazione e per i marciapiedi. L’ardesia spesso può essere spezzata a mano in lunghe lastre piatte. Infatti, anche se non si vede a occhio nudo, i minerali di mica all’interno della roccia si sono allungati, rendendo più facile la rottura lungo queste bande. Questo è un esempio di basso grado di metamorfismo.

Fillade

Se aumentiamo di poco il calore e la pressione, dall’ardesia si ottiene una roccia chiamata fillade, abbastanza simile all’ardesia, ma spesso più lucente. Questo perché i minerali di mica si sono allungati ulteriormente, conferendo la lucentezza. La fillade è solitamente grigia o nera.

Scisto

Aumentando ancora il calore e la pressione, otteniamo una roccia brillante chiamata scisto. Nello scisto le miche lucenti si sono espanse talmente che si possono distinguere a occhio nudo i singoli cristalli e cominciano ad apparire le bande. Questo è un esempio di metamorfismo di grado medio.

Gneiss

Quando la pressione è ancora più alta e la temperatura supera i 500 °C, avremo una roccia ad alto grado di metamorfismo, chiamata gneiss. Spesso presenta strisce bianche e nere, causate da strati di minerali chiari, come quarzi e feldspati, e strati di minerali scuri, come la biotite e il granato, che durante il metamorfismo formano le bande.

Come abbiamo visto nella pagina precedente, il tipo di roccia metamorfica che si può formare dipende moltissimo dalla quantità di calore e pressione e dalla roccia di partenza. Esaminiamo alcuni tipi di roccia.

Cornubianite (e cornubianite maculata)

La cornubianite è una roccia grigio-scura molto dura. Si forma dalla fusione di rocce in prossimità di sedimenti argillosi; il calore trasforma l'argilla in una roccia compatta.

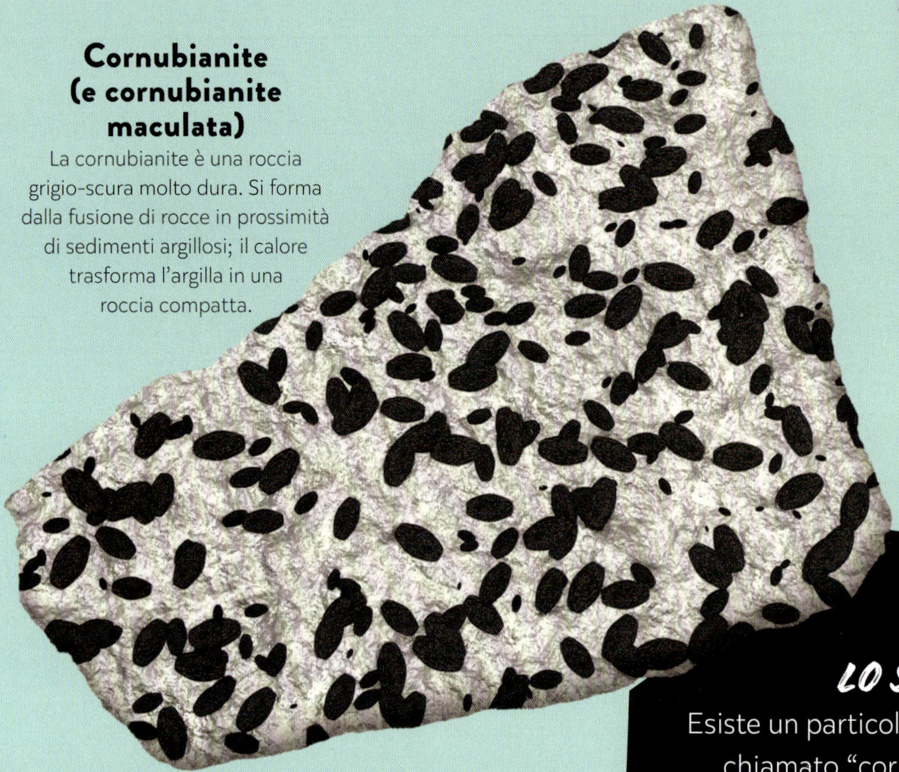

LO SAPEVI?

Esiste un particolare tipo di cornubianite chiamato "cornubianite maculata". Le caratteristiche macchie scure si formano sulla roccia dove è iniziata la crescita di cristalli di nuovi minerali, spesso cordierite o andalusite.

Quarzite

La quarzite è la roccia che si ottiene dal metamorfismo di arenarie contenenti quarzo. Il calore e la pressione fanno sì che i granelli di sabbia, composti di quarzo, si riassestino e si compattino, tenuti insieme dalla silice. Si crea così una grana molto resistente di granelli di quarzo incastrati tra loro, che rende la roccia un materiale molto adatto all'edilizia.

Granelli di sabbia al microscopio → **Grani di quarzo incastrati tra loro**

Marmo

Il marmo è una roccia molto ricercata da millenni per il suo utilizzo in scultura e in edilizia. Il marmo si forma dal metamorfismo di rocce sedimentarie come il calcare. In modo simile alla quarzite nel quarzo, la calcite presente nel calcare si modifica, formando una fitta rete di cristalli. Il marmo è meno duro della quarzite e quindi più facile da scolpire e modellare, come già facevano gli antichi greci e romani!

Scisto blu

Lo scisto blu è così chiamato per il bel colore azzurro scuro. Si forma dal metamorfismo del basalto, sottoposto ad alte pressioni e temperature relativamente basse. Il colore blu è dato dalla crescita dei minerali glaucofane e lawsonite durante il processo.

Eclogite

L'eclogite è una bella roccia verde e rossa. Come lo scisto blu, si forma dal metamorfismo del basalto, sottoposto però a temperature e pressioni più alte. Il colore rosso è dato da grandi cristalli di granato, circondati da cristalli verdi più piccoli di pirosseno.

MINERALI METAMORFICI

I minerali presenti in una roccia metamorfica sono stati sottoposti a temperature e pressioni estreme nel profondo della crosta terrestre. Per questa ragione, gli elementi chimici che costituivano inizialmente i minerali magmatici e sedimentari possono essersi scomposti e risistemati in nuovi minerali metamorfici.

Alcuni minerali si trovano solo nelle rocce metamorfiche. Dato che si formano in condizioni di temperatura e pressione differenti, questi minerali sono utili per rivelarci a quali temperature e pressioni sono state sottoposte le rocce durante il processo di metamorfismo. Per esempio, con una pressione di 2 kilobar e una temperatura di 500 °C è probabile che si formi un'andalusite.

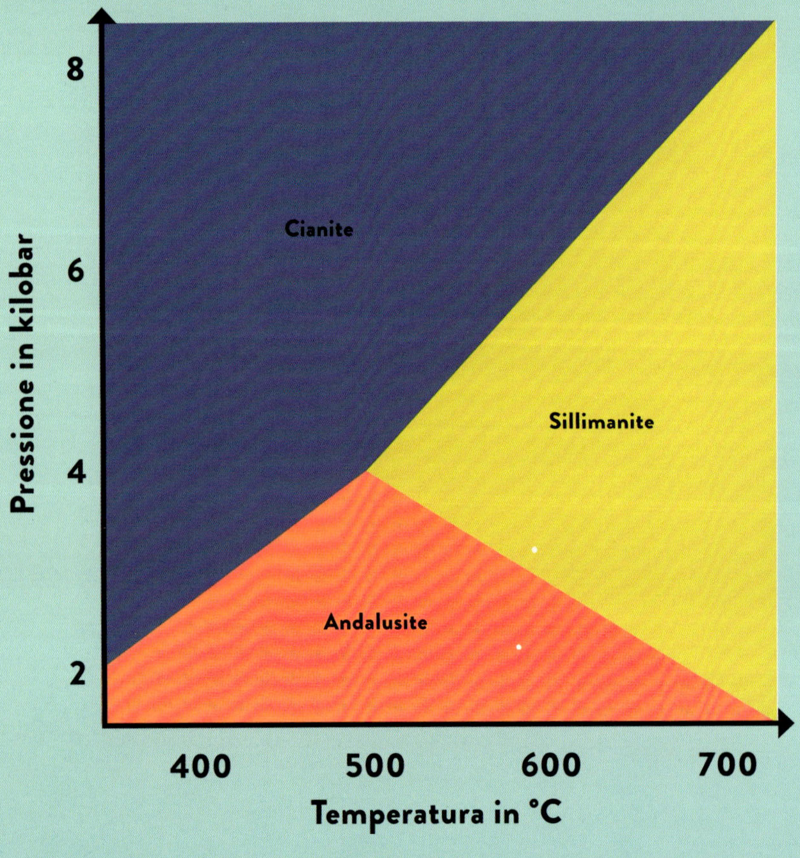

Andalusite, cianite e sillimanite sono composte dagli stessi elementi chimici ma, sottoposte a pressioni e temperature diverse, assumono differenti STRUTTURE CRISTALLINE.

Andalusite

L'andalusite è un minerale rosa o grigio che si forma quando una roccia metamorfizza sotto basse pressioni. Si trova solitamente in rocce metamorfiche come l'ardesia e la cornubianite.

Sillimanite

La sillimanite è un minerale bianco che solitamente forma cristalli microscopici. Si trova negli scisti e negli gneiss sottoposti ad alte pressioni e a temperature di almeno 500 °C.

Cianite

La cianite, dal colore azzurro brillante, forma lunghi cristalli a lamine. Si trova negli scisti e negli gneiss sottoposti ad altissime pressioni.

ROCCE DELLO SPAZIO

Che ci crediate o meno, le rocce si formano nello spazio come sulla Terra. In effetti, gran parte del nostro Sistema Solare è costituito da rocce. Dai pianeti interni rocciosi – Mercurio, Venere, Marte e Terra – alle piccole lune che orbitano intorno a molti pianeti, alla fascia principale degli asteroidi tra Marte e Giove, tutto è fatto di roccia!

L'impronta del piede di Neil Armstrong nella REGOLITE LUNARE

LE ROCCE DI MARTE

Come la nostra luna, Marte è costituito in gran parte di una roccia magmatica, il basalto. Il suo colore caratteristico è dato dal ferro che, nella sottile atmosfera marziana, arrugginisce, diventando rosso. A differenza che sulla Luna, su Marte sono presenti anche rocce sedimentarie. Le arenarie indicano che, in passato, c'erano grandi deserti sabbiosi. Conglomerati di ciottoli levigati ci dicono che un tempo su Marte scorrevano fiumi, mentre le argille rivelano la presenza di grandi laghi.

ROCCE LUNARI

Campioni di roccia lunare, raccolti dagli astronauti delle missioni Apollo della NASA, hanno provato che la nostra luna è costituita di rocce magmatiche. Gli altopiani lunari di colore chiaro sono composti di anortosite e i mari lunari di basalto. Anche se la Luna nel cielo notturno appare di un bianco luminoso, in realtà la sua superficie è coperta da una polvere grigia chiamata regolite, fatta di frammenti di polvere e roccia creati dagli impatti con meteoriti. Dato che sulla Luna non c'è vento, la regolite conserva nei minimi dettagli segni come la famosa impronta di Neil Armstrong.

METEORITI

I meteoriti sono miscele di roccia e metalli che cadono sulla superficie della Terra dallo spazio.

Quasi tutti i meteoriti caduti sulla Terra provengono dalla fascia principale degli asteroidi, una concentrazione di rocce e metalli tra Marte e Giove che non è mai riuscita a formare un pianeta. A causa dell'affollamento, a volte gli asteroidi si scontrano tra loro e vengono spinti "fuori rotta". Così, di tanto in tanto, l'orbita di un asteroide si sovrappone a quella della Terra e questo viene attratto dalla forza di gravità terrestre, diventando un meteorite.

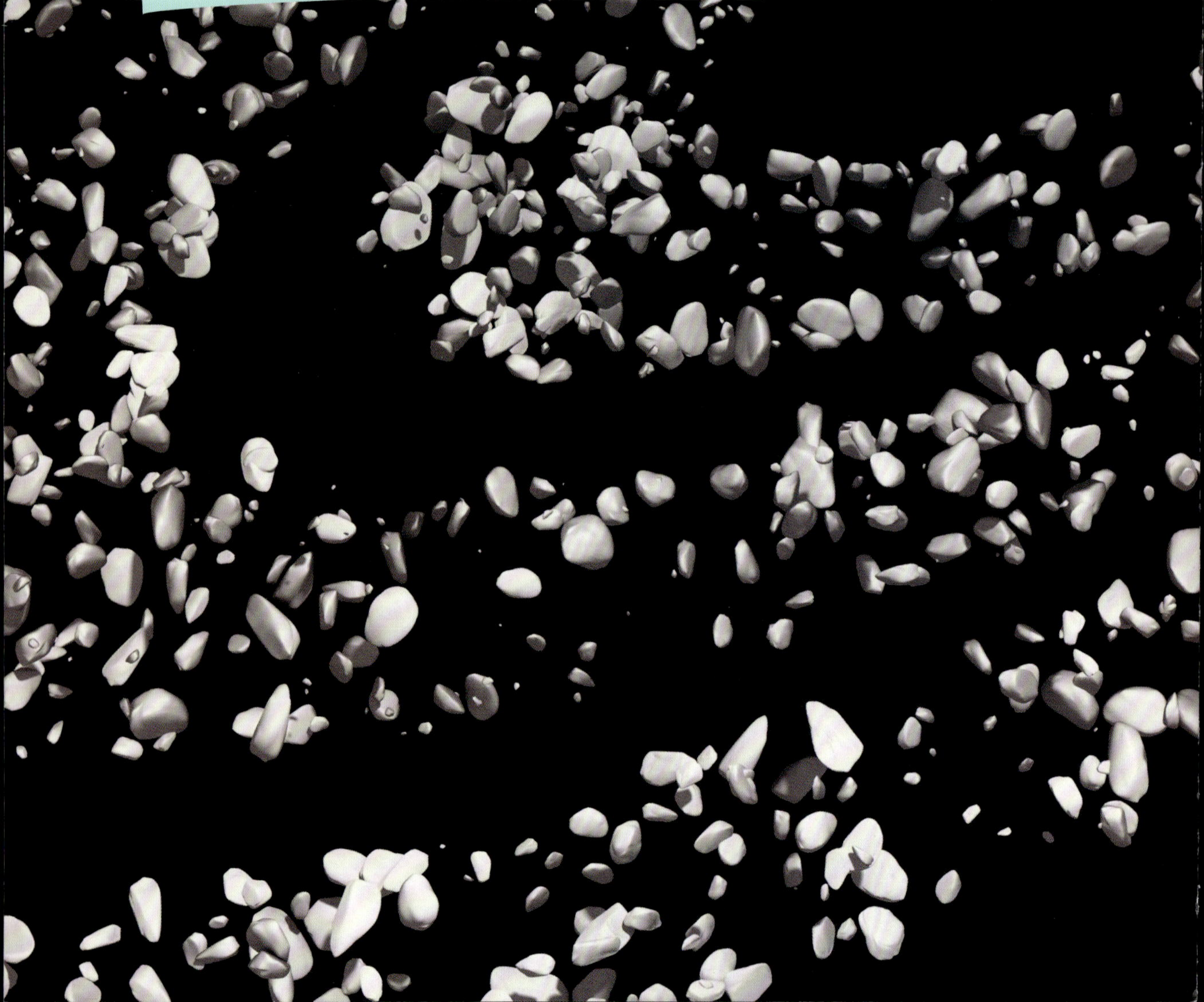

LO SAPEVI?

Le meteore, o stelle cadenti, sono meteoriti troppo piccoli per raggiungere la superficie terrestre. L'attrito che subiscono nell'atmosfera della Terra li fa bruciare completamente e vaporizzare, producendo luminose strisce bianche nel cielo notturno.

Nel loro viaggio attraverso l'atmosfera terrestre, i meteoriti si riscaldano e formano uno strato esterno chiamato crosta di fusione. A causa della loro velocità, possono produrre onde d'urto o forti boati che sembrano gigantesche esplosioni. Ti sembrerà incredibile, ma i meteoriti non sono incandescenti quando toccano il suolo. Lo spazio esterno è molto freddo, intorno ai -270 °C, così, anche se la superficie esterna è fusa, l'interno di un meteorite atterrato da poco sarà gelato!

Ogni anno cadono sulla Terra dai 5000 ai 17.000 meteoriti più grandi di una pallina da golf. L'Antartide è un luogo particolarmente adatto per osservarli, poiché i meteoriti scuri si stagliano contro lo sfondo ghiacciato. Il clima arido dell'Antartide aiuta anche a preservarli, proteggendoli dalle intemperie.

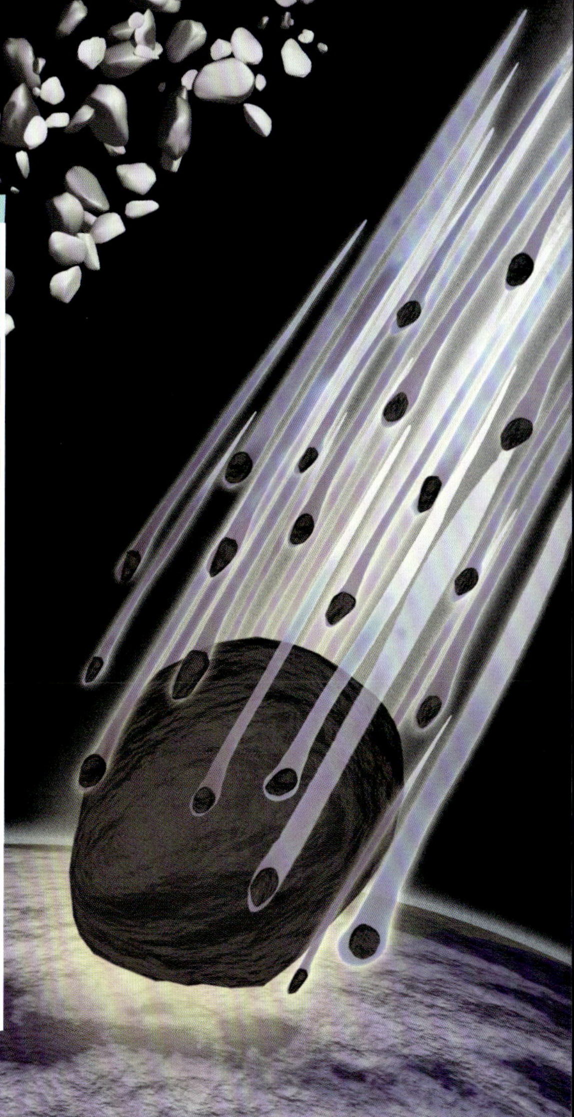

I meteoriti si sono formati contemporaneamente al Sistema Solare, circa 4570 milioni di anni fa. Il loro studio può aiutare gli scienziati a capire come sono nati i pianeti del Sistema Solare. Ci sono quattro tipi principali di meteoriti: rocciosi, ferrosi, ferro-rocciosi e acondriti.

Meteoriti rocciosi

I meteoriti rocciosi, chiamati anche condriti, non hanno mai raggiunto completamente lo stadio di fusione (per questo si dice che sono indifferenziati). Sono costituiti da un miscuglio di minerali simili a quelli che si trovano nella crosta terrestre e nel mantello, oltre a frammenti di ferro e nickel.

Meteoriti ferrosi

Se una condrite si surriscalda fino a raggiungere una temperatura fra i 1000 e i 1300 °C, inizia a fondere. Per primi si fondono il ferro e il nickel, formando bolle di metallo che precipitano verso il centro dell’asteroide e creano un nucleo. I meteoriti ferrosi provengono dal nucleo di questi asteroidi fusi. Al loro interno, i meteoriti ferrosi possono mostrare un caratteristico disegno intricato chiamato “figure di Widmanstätten”.

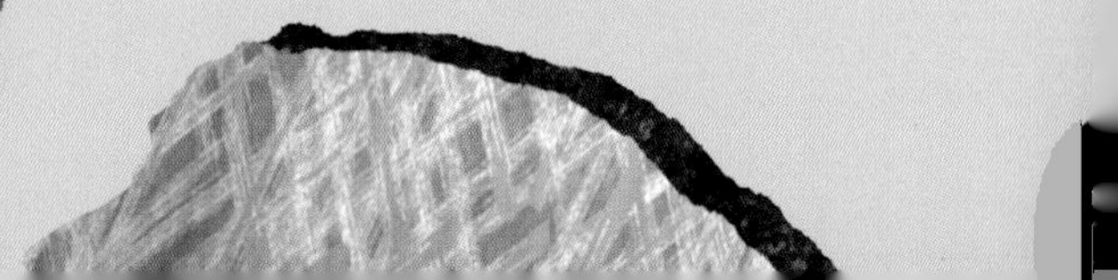

Acondriti e meteoriti ferro-rocciosi

Se una condrite continuasse a surriscaldarsi, i minerali che la compongono si fonderebbero, formando una crosta e un mantello, proprio come sulla Terra: la condrite cioè si differenzierebbe. Le acondriti sono invece meteoriti provenienti dalla crosta di un asteroide differenziato e sono costituite interamente di basalto. I meteoriti ferro-rocciosi contengono sia roccia che metallo. Si possono formare ai confini tra il nucleo metallico di un asteroide e il mantello ricco di olivina oppure nello scontro tra due asteroidi.

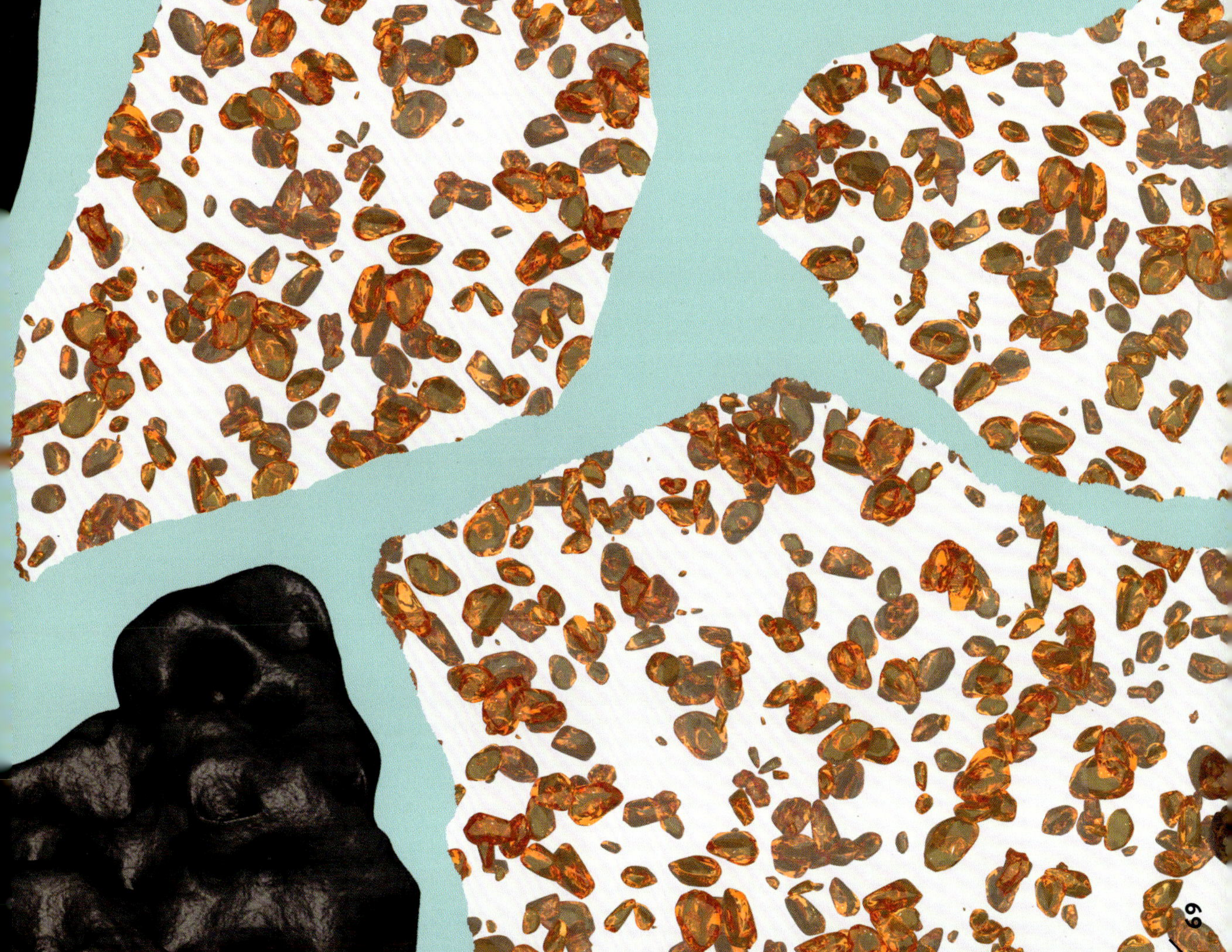

CHE COSA SONO LE GEMME?

Gemma, o pietra preziosa, è il nome che diamo a un minerale o a un cristallo di particolare bellezza. Tagliate o levigate, le gemme sono usate fin dai tempi antichi per creare gioielli, oggetti d'artigianato e decorazioni.

Le gemme posso essere minerali in forma cristallina, come i rubini, gli zaffiri e i diamanti, che sono solitamente TRASPARENTI. Esistono anche altri minerali molto belli, come la malachite, la giada e il turchese, che sono OPACHI.
Ecco alcuni tipi di pietre preziose e come vengono usate!

IL LAPISLAZZULI è una pietra di colore blu, usata da migliaia di anni per la sua bellezza. Gli antichi egizi se ne servivano per creare gioielli e venne utilizzato anche nella straordinaria maschera funeraria del Faraone Tutankhamon. La regina Cleopatra usava polvere di lapislazzuli come ombretto per gli occhi!

LO SAPEVI?

Benché il diamante sia considerato il re delle gemme, ne esistono molte assai più rare. Due di queste sono la tanzanite e l'alessandrite, che mostrano bellissime variazioni di colore a seconda della luce. Molto rara è anche la giadeite, una varietà di giada; nel 1997, una collana di giadeite fu venduta per quasi 10 milioni di dollari!

LO SAPEVI?

Il Taj Mahal, in India, è decorato con diversi tipi di pietre preziose e semi preziose, tra cui la giada, il turchese, il lapislazzuli, il rubino e il diaspro.

GEODI

A volte si creano
le condizioni ideali perche
un cristallo cresca in un
modo particolare, formando
grandi depositi brillant
chiamati GEODI

Esternamente possono
avere l'aspetto di una
normale pietra, ma
all'interno nascondono
un segreto... racchiudono
spettacolari deposit
di minerali

I geodi possono avere
origine a partire da
molti tipi di pietre
preziose, come
l'ametista, che crea
bellissime formazion
di colore viola. Tra gl
altri minerali ci sono
l'agata, la pirite e
l'opale

Ametista

COME SI FORMANO?

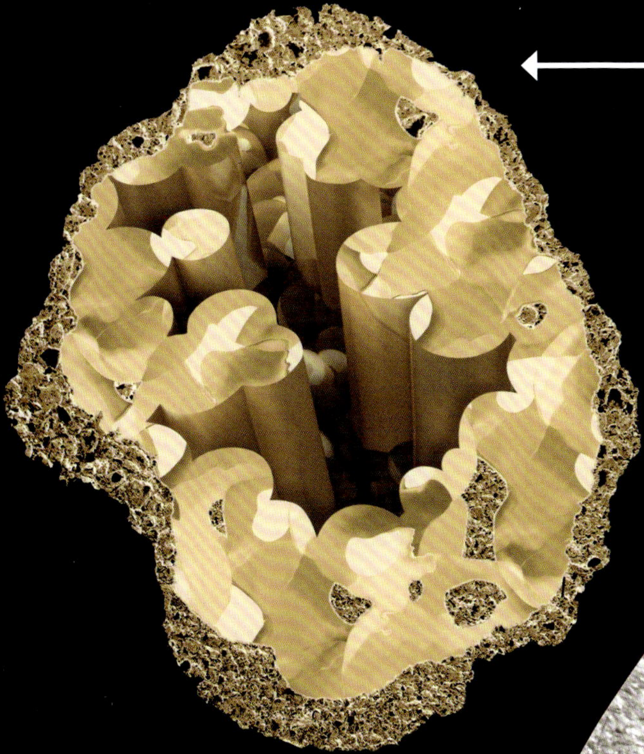

GEODI SEDIMENTARI

I geodi sedimentari si creano all'interno di buchi e fessure in rocce sedimentarie come il calcare. Sono solitamente più piccoli dei geodi vulcanici e possono formarsi negli spazi vuoti lasciati dal decadimento delle parti molli di organismi animali e vegetali. Geodi spettacolari si possono trovare anche all'interno di conchiglie e coralli.

GEODI VULCANICI

A volte, quando la roccia vulcanica si raffredda, al suo interno si creano degli spazi vuoti; questo succede perché bolle di gas rimangono intrappolate nella roccia fusa. Con il passare tempo, attraverso la roccia filtra dell'acqua, fredda o calda, che spesso contiene minerai dissolti. Scorrendo attraverso la roccia, l'acqua rilascia piccoli frammenti di minerali che si accumulano, creando i geodi. I geodi vulcanici sono i più comuni e in genere i più grandi.

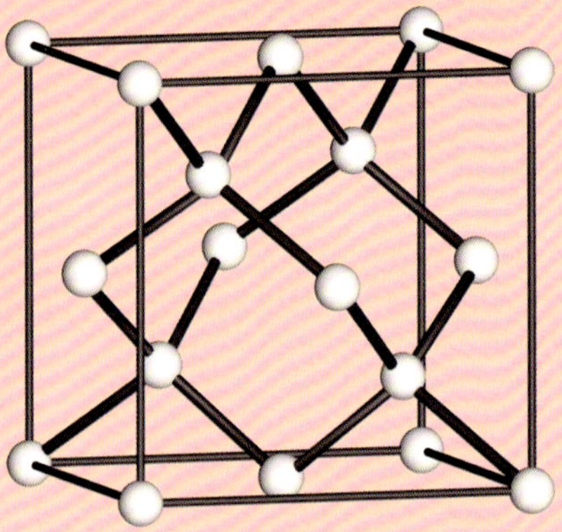

Struttura cristallina del diamante

DIAMANTI

I diamanti sono gemme rare e molto preziose, costituite dall'elemento chimico CARBONIO, che è indispensabile per ogni forma di vita sulla Terra.

I diamanti sono molto ricercati per la loro proprietà di scintillare e riflettere la luce in un arcobaleno di colori. Oltre a essere belli, sono anche il materiale più duro sulla Terra.

LO SAPEVI?

Il diamante può essere tagliato solo dal laser o da un altro diamante. Infatti i suoi legami atomici sono forti quanto la colla più potente sulla Terra!

COME SI FORMANO?

I diamanti iniziano la loro vita centinaia di chilometri sotto di noi, all'interno del mantello terrestre. Qui si formano sotto intense pressioni e con temperature oltre i 1000 °C! I diamanti possono risalire in superficie trasportati all'interno di rare rocce vulcaniche chiamate KIMBERLITI. In origine, le kimberliti sono sacche di magma nelle profondità del mantello. Quando si verificano le condizioni adatte, possono eruttare con violenza verso la superficie terrestre, creando strutture chiamate camini kimberlitici.

Mentre risalgono, i magmi di kimberlite strappano pezzi del mantello superiore, comprese le rocce che racchiudono diamanti, e li trascinano in superficie, proprio come un nastro trasportatore. La maggior parte delle kimberliti, e quindi la maggior parte dei diamanti, si trovano nei CRATONI, antiche aree della crosta continentale che hanno più di un miliardo di anni.

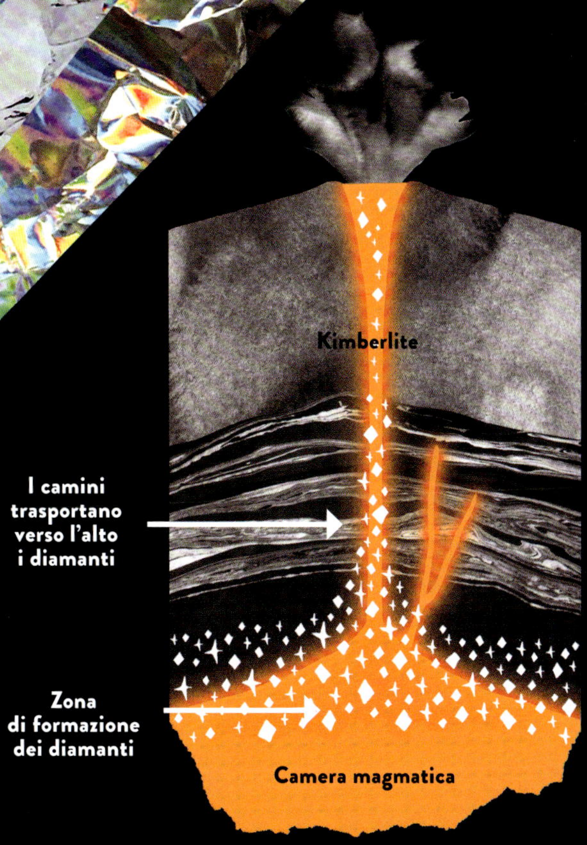

GUIDA AL RICONOSCIMENTO

Pensando a un tipico diamante, probabilmente immaginerai una gemma limpida e lucente. In realtà i diamanti sono raramente limpidi e la minima variazione nella struttura cristallina determina un diverso colore.

Verde

Nel caso dei diamanti verdi, è una radiazione naturale nelle rocce che circondano il diamante a dargli questo colore: queste radiazioni innocue possono creare delle imperfezioni sulla sua superficie e farlo apparire verde.

Incolore

Quando non ci sono impurità o imperfezioni, i diamanti sono incolori.

Giallo e marrone

Se alcuni atomi di carbonio di un diamante sono sostituiti da AZOTO, la pietra può assumere una sfumatura gialla o marrone chiaro.

Rosso e rosa

I diamanti rossi e rosa sono molto rari. Questi bellissimi colori si possono creare quando la struttura di un diamante viene distorta nel corso del suo viaggio dalle profondità del mantello fino alla superficie della Terra.

Azzurro

Diamanti azzurri si possono avere quando minuscole particelle dell'elemento chimico BORO entrano nella struttura cristallina.

Nero

Ci sono anche diamanti neri! Sono chiamati carbonadi e sono la varietà più dura di diamanti naturali. Il colore nero è dato da particelle di grafite, un'altra forma del carbonio, che rimangono intrappolate nella struttura cristallina.

Il diamante Hope

Uno dei gioielli più famosi al mondo è il diamante Hope, un diamante blu che viene dall'India.

LO SAPEVI?

Il più grande diamante incolore che sia mai stato trovato è il diamante Cullinan, proveniente dal Sudafrica. La pietra è stata tagliata per realizzare diversi gioielli, ma all'epoca del ritrovamento, nel 1905, pesava ben 3106 carati, vale a dire più di mezzo chilo di diamante!

OPALI

Un opale è una pietra preziosa colorata e lucente, usata per creare gioielli e decorazioni. Quasi tutti gli opali vengono dall'Australia e dall'Etiopia e la maggior parte hanno tra i 15 e i 20 milioni di anni! Gli opali hanno affascinato uomini e donne con i loro colori e la loro bellezza sin dai tempi dell'antica Roma.

Ci sono molti tipi di opali, in una varietà di colori differenti. I due gruppi principali sono gli opali comuni e gli opali preziosi. Gli opali comuni sono i meno pregiati, hanno colori più spenti e sono spesso torbidi o lattiginosi. Quelli che si usano in gioielleria e per decorazioni ornamentali sono gli opali preziosi.

Opale boulder

Opale chiaro

COME SI FORMANO?

Gli opali si formano nel profondo sottosuolo, in buchi e fessure delle rocce. Sono costituiti di un materiale chiamato silice, che si trova nell'arenaria. L'acqua, scorrendo nell'arenaria, scioglie la silice e la trasporta attraverso gli strati rocciosi del sottosuolo. A volte l'acqua si raccoglie all'interno di fessure e spazi sotterranei e nel tempo evapora, lasciando depositi di silice. Un deposito è il materiale che rimane quando tutta l'acqua è evaporata, come quando nelle saline l'acqua marina evapora, lasciando solo il sale.

Fossile opalizzato

Perché si formi un opale, è necessario che il materiale siliceo crei più strati di silice disposti in piccole sfere. Questo processo è lentissimo e possono volerci milioni di anni perché si formi un solo centimetro di opale. Gli opali posso formarsi in ogni tipo di buco o fessura negli strati rocciosi e a volte anche nei fossili, sfruttando gli spazi rimasti vuoti dopo che l'organismo si è decomposto.

Opale scuro

Opale di fuoco

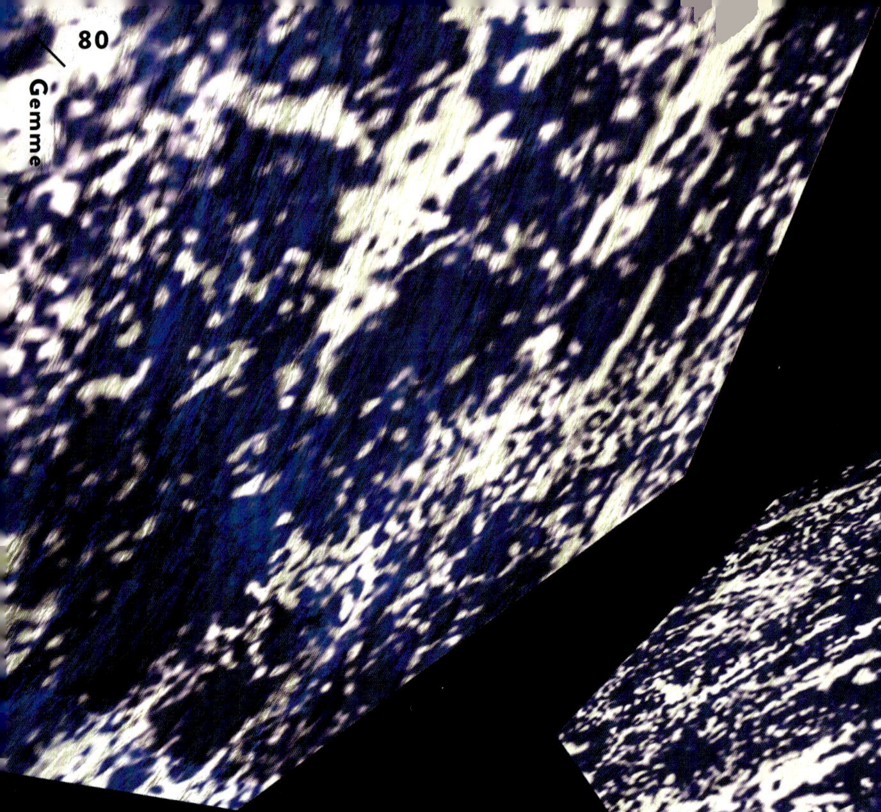

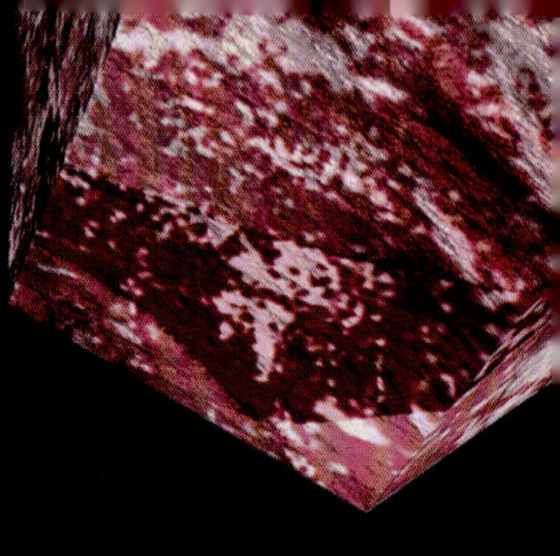

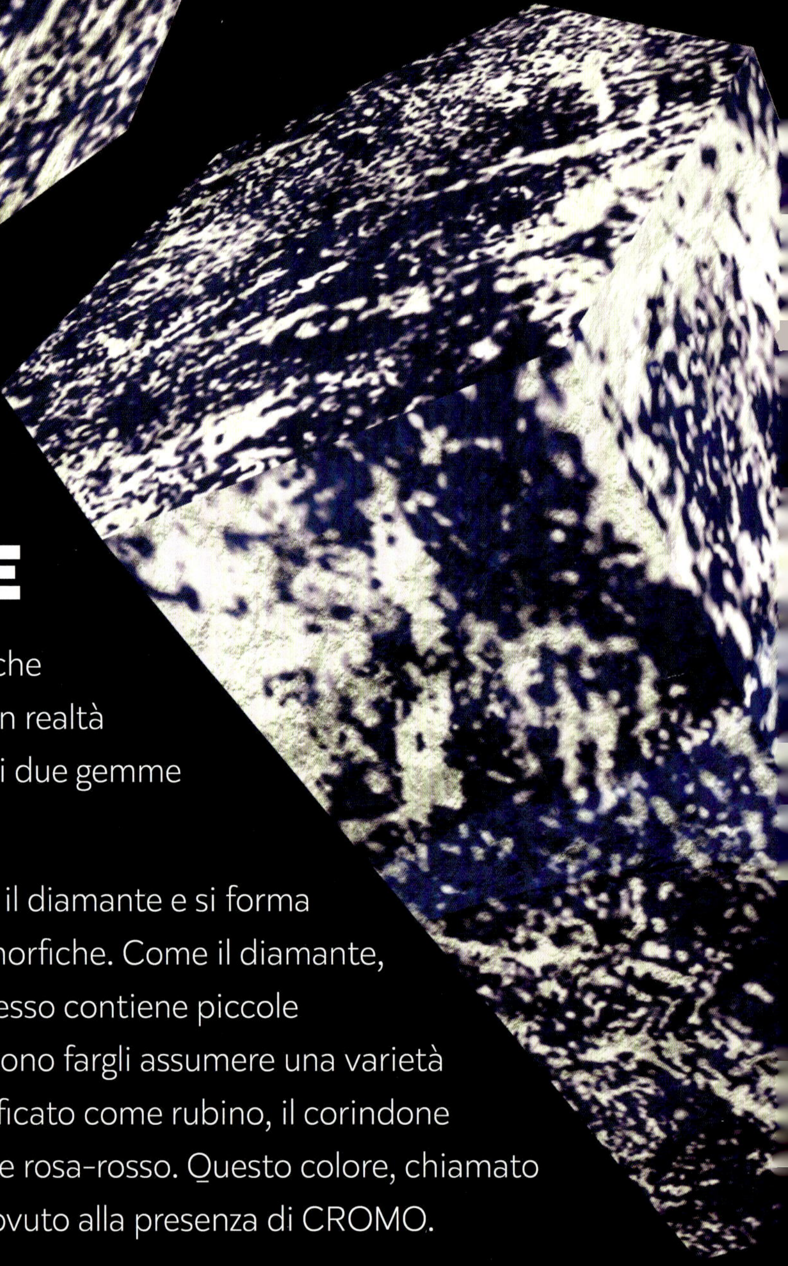

CORINDONE

Anche se non lo sai, è probabile che tu abbia già visto un corindone. In realtà corindone è il nome scientifico di due gemme comuni: il rubino e lo zaffiro.

Il corindone è duro quasi quanto il diamante e si forma nelle rocce magmatiche e metamorfiche. Come il diamante, è incolore quando è puro, ma spesso contiene piccole quantità di altri metalli, che possono fargli assumere una varietà di colori diversi. Per essere classificato come rubino, il corindone deve avere un'intensa colorazione rosa-rosso. Questo colore, chiamato a volte "sangue di piccione", è dovuto alla presenza di CROMO.

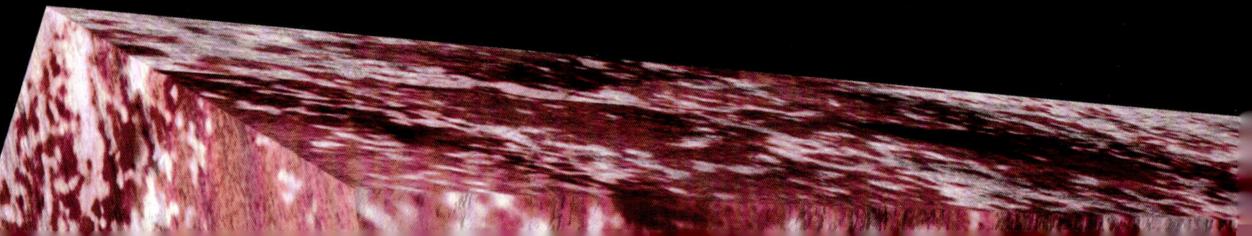

LO SAPEVI?

Il classico colore blu dello zaffiro è dato dalla presenza di ferro e TITANIO. Non tutti gli zaffiri sono blu, comunque, ma possono avere una gamma di colori diversi.

ZAFFIRI E RUBINI STELLATI

Gli zaffiri e i rubini stellati sono rare varietà di corindone che mostrano una brillante stella a sei punte appena sotto la superficie. Quest'affascinante proprietà è conosciuta come ASTERISMO.
La Star of Adam, trovata nello Sri Lanka, è il più grande zaffiro stellato conosciuto e pesa più di 1400 carati.

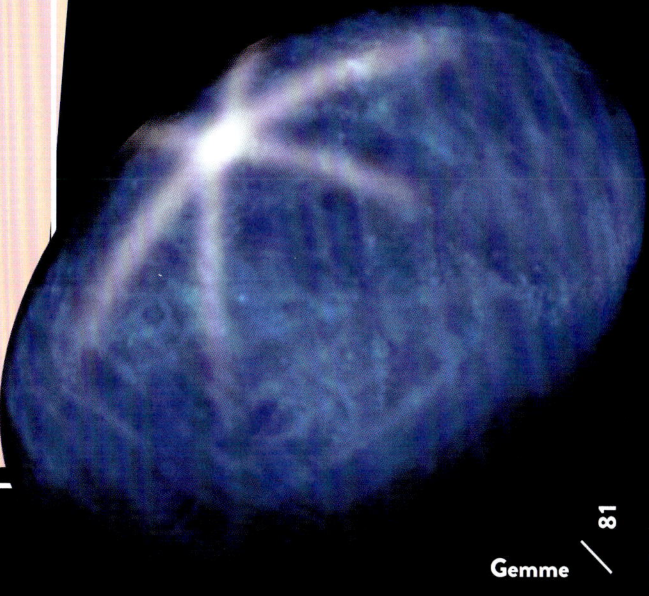

BERILLI E TORMALINE

Acquamarina
Ha colore azzurro chiaro, dovuto alla presenza di ferro.

Morganite
Il suo bel colore rosa pesca è dovuto alla presenza di atomi di MAGNESIO.

BERILLIO

Il berillio è conosciuto soprattutto per le bellissime gemme verdi chiamate smeraldi. In realtà è un minerale molto importante per un vasto assortimento di pietre preziose, tra cui l'acquamarina e la morganite. Solitamente si presenta in lunghi cristalli esagonali, i più grandi e spettacolari dei quali si formano in rocce magmatiche chiamate pegmatiti.

Smeraldo
L'intenso colore verde tendente al blu è dato dalla presenza di cromo e VANADIO.

LO SAPEVI?

Quando i cristalli di tormalina si presentano con zone di colore rosa, bianco e verde si parla di “tormalina anguria” perché ricorda il succoso frutto!

TORMALINA

La tormalina è un minerale semi prezioso, famoso per assumere più varietà cromatiche di qualsiasi altra gemma; si possono avere anche quattro colori nello stesso cristallo. Si può trovare nelle rocce metamorfiche, ma i cristalli più belli di tormalina si formano solitamente quando un magma fuso filtra attraverso le fessure di rocce magmatiche. Il raffreddamento crea dei cristalli colorati che vanno a riempire gli spazi vuoti della roccia.

QUARZI

Il quarzo è uno dei minerali più comuni sulla Terra, ma è anche una pietra preziosa di un certo valore. È molto resistente e si presenta in una varietà di forme e colori che lo rendono molto usato in gioielleria.

Le gemme di quarzo si dividono in due gruppi: quarzi cristallini e calcedoni. I primi nascono come cristalli singoli, mentre i calcedoni sono composti da milioni di quarzi microscopici aggregati insieme.

Diaspro rosso opaco

Occhio di tigre

Agata

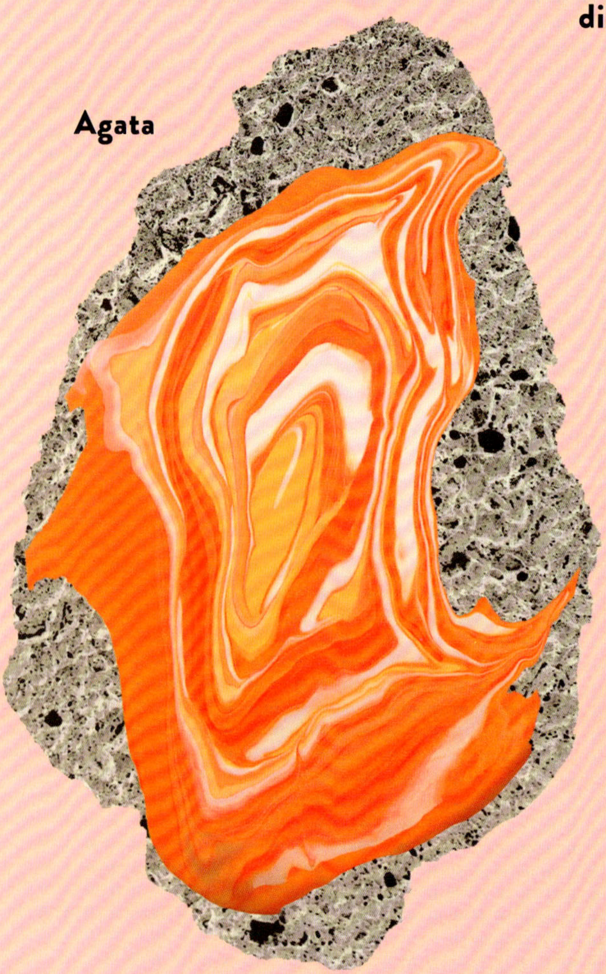

CALCEDONI

L'agata è una varietà comune di calcedonio, con una caratteristica struttura ad anelli colorati. Questa bellissima gemma si forma nelle cavità delle rocce magmatiche, dove acque ricche di minerali depositano strati sottili di calcedonio, che si accumulano lentamente in geodi a strisce colorate.

Altre varietà comuni di calcedonio sono l'occhio di tigre e il diaspro. L'occhio di tigre si riconosce dalle strisce dorate parallele che, muovendo la pietra, sembrano spostarsi. Il diaspro è una gemma opaca, solitamente dal colore rosso terroso, dovuto alla presenza di ferro.

QUARZI CRISTALLINI

L'ametista è la più comune tra le gemme di quarzo cristallino e si trova solitamente nei geodi; si presenta in diverse sfumature di viola, ma i cristalli più pregiati sono quelli viola intenso. Il quarzo citrino è un altro quarzo cristallino, di un intenso color arancione. In natura è raro e si forma solo quando i cristalli di ametista vengono sottoposti a una forte pressione all'interno della crosta terrestre e si surriscaldano fino a oltre 500 °C! Altri quarzi cristallini sono il quarzo rosa, il quarzo fumé e la venturina, di colore azzurro-verde. Tutti devono i loro colori alla presenza di altri minerali e metalli nella struttura cristallina.

Quarzo rosa

Ametista

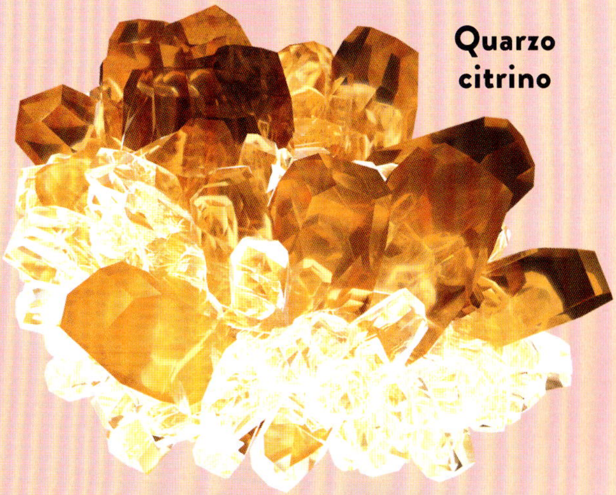

Quarzo citrino

Quarzo fumé

Venturina

GEMME COLORATE

Le pietre preziose sono ricercate per i loro colori brillanti. I lucenti feldspati e i minerali di rame dalle sfumature verde-azzurro sono piuttosto comuni sulla Terra, ma i loro splendidi colori e i particolari riflessi li rendendo molto apprezzati in gioielleria.

Pietra di luna
È forse la più conosciuta tra le gemme di feldspato e il suo nome è dovuto alla lucentezza perlacea che ricorda quella della Luna.

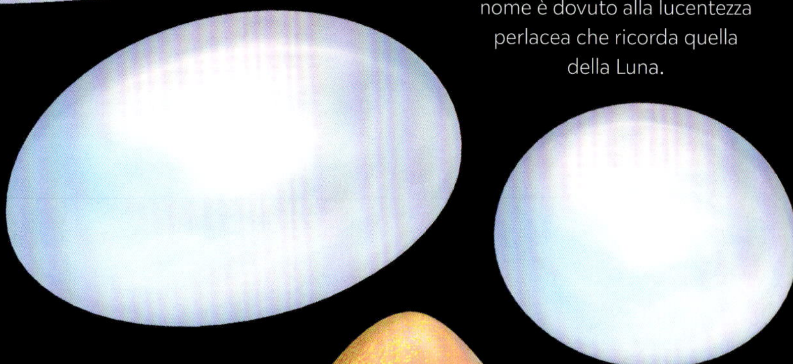

GEMME DI FELDSPATO

Il feldspato è il minerale più comune nella crosta terrestre.

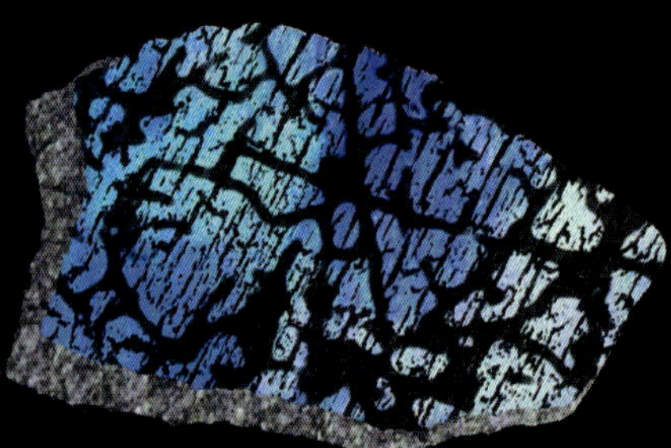

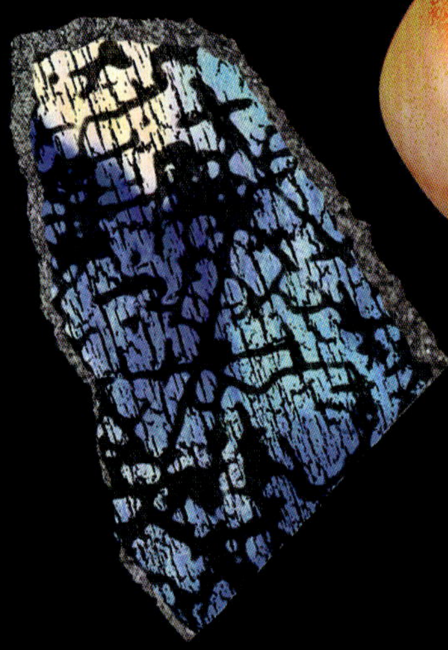

Labradorite
È una gemma di feldspato piuttosto comune, che si trova nelle rocce di basalto e gabbro. Di colore grigio-blu scuro, riflette lampi di luce multicolore per una proprietà detta IRIDESCENZA.

Pietra del Sole e amazzonite
Sono altre gemme di feldspato. La pietra del Sole ha un colore tra il pesca e l'arancio e contiene spesso granelli rossi di RAME. Come la foresta pluviale da cui prende il nome, l'amazzonite ha un bellissimo colore verde mare, spesso attraversato da venature bianche.

MALACHITE, AZZURRITE E TURCHESE

Malachite, azzurrite e turchese sono tutte pietre preziose che contengono rame. La malachite, di un verde luminoso, e l'azzurrite, blu, spesso si formano insieme in rocce calcaree sopra depositi di rame.

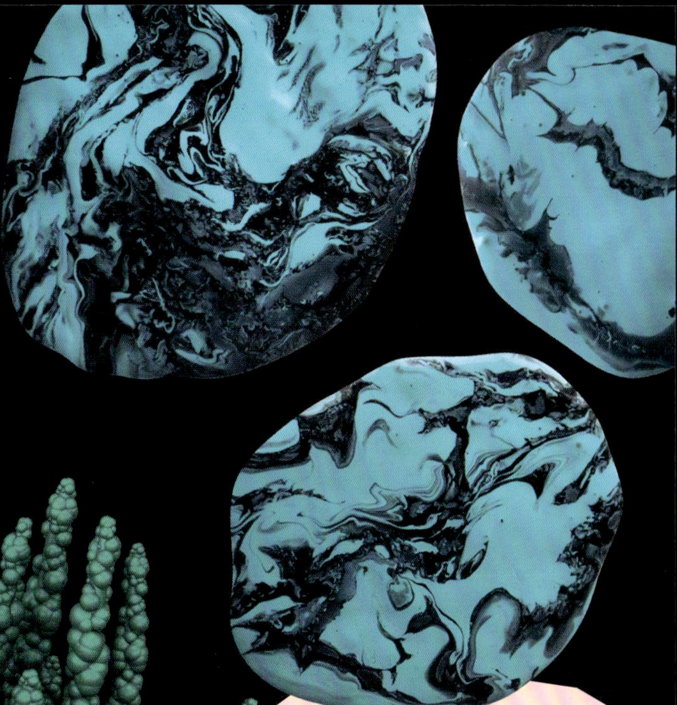

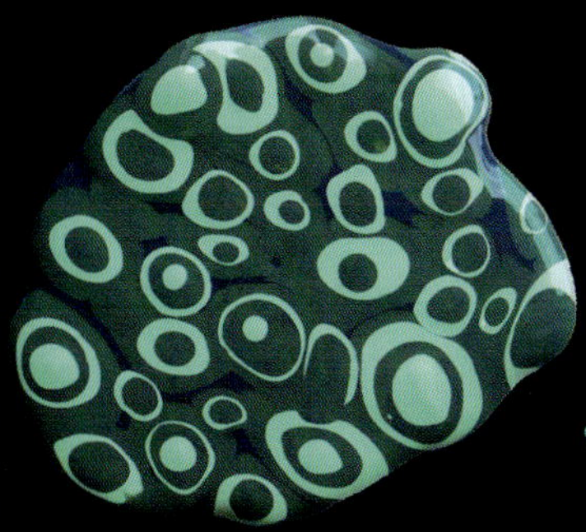

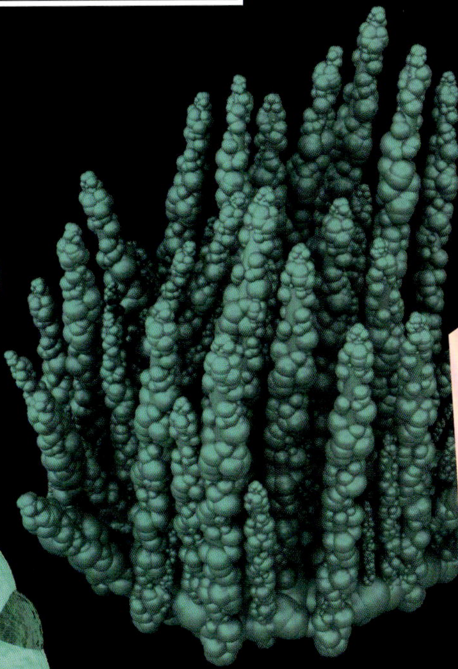

LO SAPEVI?

Il turchese, conosciuto fin dai tempi più antichi, è così famoso da aver dato il nome a un colore. È una gemma opaca, riconoscibile per la brillante tonalità verde-azzurra, e a volte contiene macchie più scure che formano un disegno a ragnatela.

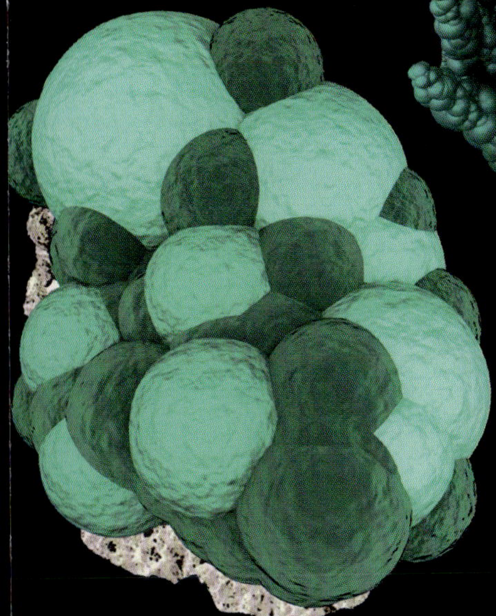

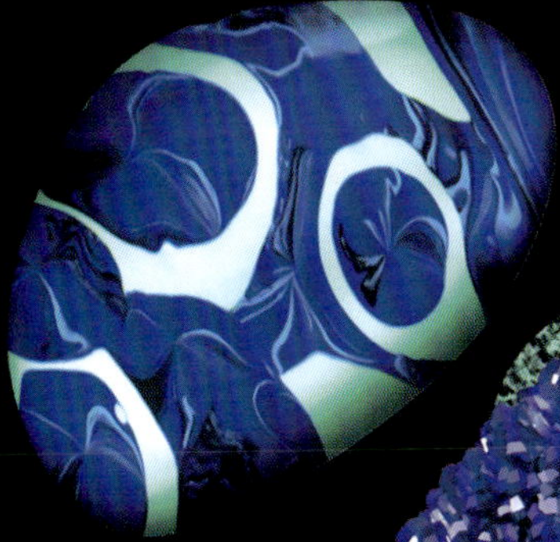

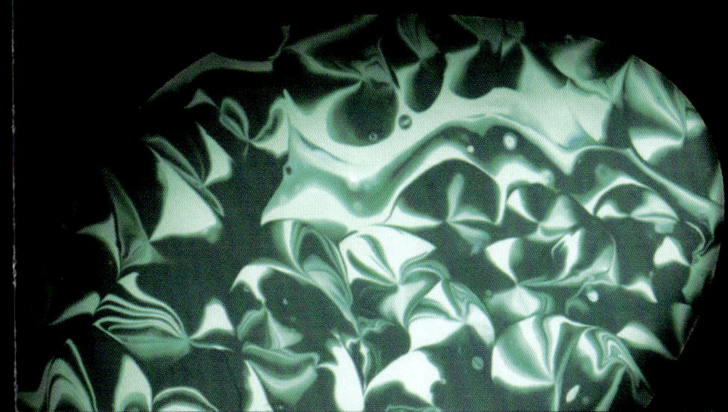

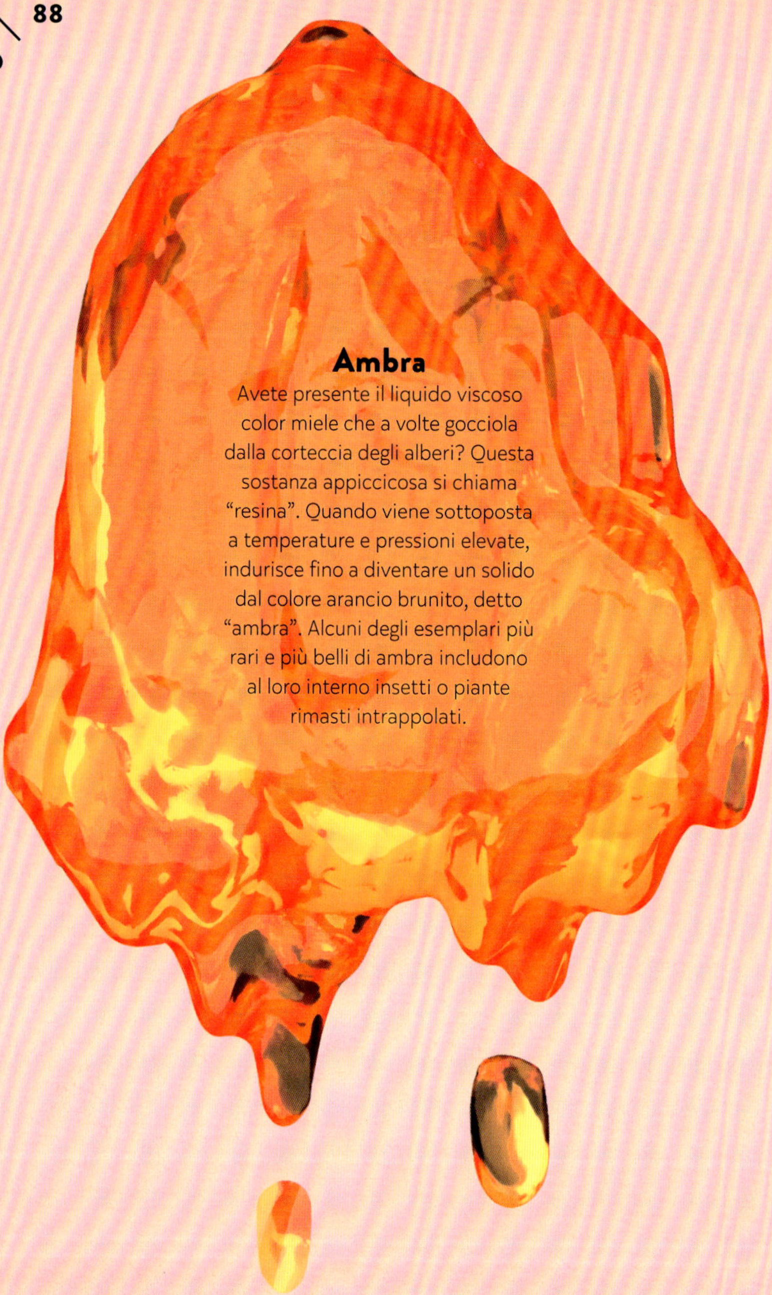

Ambra

Avete presente il liquido viscoso color miele che a volte gocciola dalla corteccia degli alberi? Questa sostanza appiccicosa si chiama "resina". Quando viene sottoposta a temperature e pressioni elevate, indurisce fino a diventare un solido dal colore arancio brunito, detto "ambra". Alcuni degli esemplari più rari e più belli di ambra includono al loro interno insetti o piante rimasti intrappolati.

GEMME ORGANICHE

A differenza delle gemme incontrate finora, quelle organiche provengono da antiche piante o animali anziché da cristalli minerali. Vediamo qualche esempio e scopriamo come si formano.

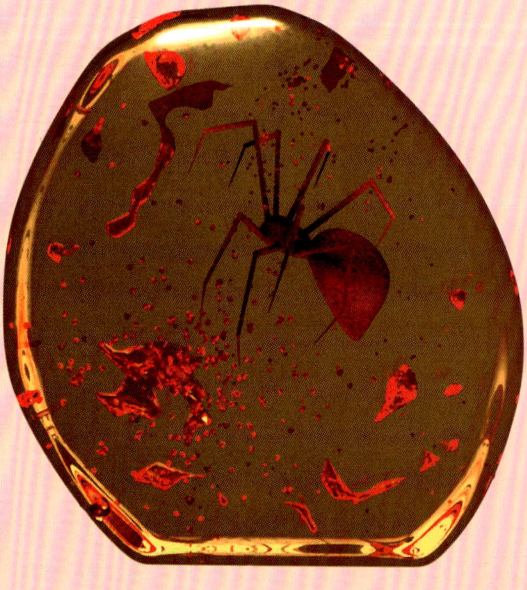

Perla

Le perle sono usate nella produzione di gioielli da almeno 6000 anni. Le perle naturali sono molto rare, ma a volte si trovano nei gusci di molluschi come le ostriche.

Il processo di formazione è davvero particolare: a volte, dei granelli di sabbia entrano in una conchiglia e l'animale che la abita, per proteggersi, inizia a produrre strati su strati di una sostanza madreperlacea che avvolge il granello. A lungo andare, questa sostanza si indurisce e forma la perla! Le perle possono avere molte forme diverse, ma le più ricercate sono quelle sferiche.

LO SAPEVI?

Il giaietto trovato a Whitby, nello Yorkshire, proviene da piante molto simili all'Araucaria del Cile, che esistevano al tempo dei dinosauri.

Giaietto

Il giaietto è una gemma nera composta dello stesso materiale del carbone. Si forma quando il legno si decompone e viene poi sottoposto a pressioni elevate nel profondo della crosta terrestre. I gioielli di giaietto erano molto di moda all'epoca della Regina Vittoria.

METALLI PREZIOSI

I metalli preziosi sono apprezzati per la loro bellezza.

Oro, argento e platino sono tra quelli che valgono di più. Sono tutti metalli molto poco reattivi, di conseguenza non cambiano colore né si alterano facilmente; è per questo che sono stati usati fin dai tempi antichi per realizzare gioielli e decorazioni.

Oro

L'oro è un metallo molto prezioso usato da migliaia di anni in tutto il mondo nei rituali religiosi e in gioielleria. L'oro, inoltre, è alla base del sistema bancario! Si trova spesso allo stato puro, sotto forma di pepite, grani o vene all'interno di altre rocce.

LO SAPEVI?

L'argento è uno dei primi metalli scoperti dall'uomo: diverse testimonianze fanno pensare che fosse già usato oltre 5000 anni fa!

Argento

L'argento è usato nella creazione di gioielli ed elementi decorativi, ma trova impiego anche in oggetti come batterie, componenti elettronici, monete, e a volte viene persino intrecciato ai tessuti.

LO SAPEVI?

Si pensa che la maggior parte dell'oro, dell'argento e del platino che si trovano sulla superficie terrestre siano stati portati da meteoriti!

Platino

Il platino è un metallo color grigio-argento, molto usato per le fedi matrimoniali, ma anche nella produzione di farmaci e magneti. Oltre l'80% dei depositi di platino si trova in Sudafrica.

METALLI UTILI

Non tutti i metalli sono preziosi, usati per realizzare gioielli o oggetti di valore; molti trovano invece impiego nella produzione di oggetti di uso quotidiano.

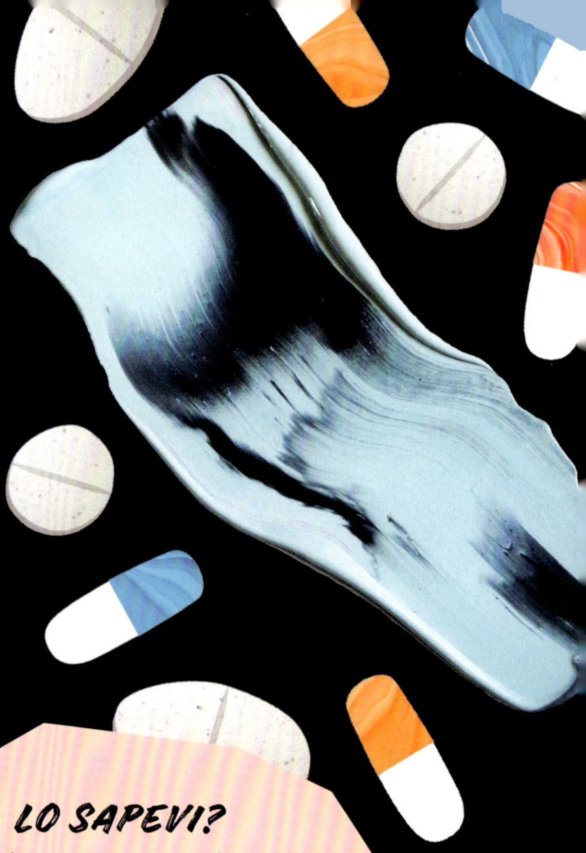

LO SAPEVI?

Gli antichi egizi usavano il piombo come cosmetico per ombreggiare le palpebre, mentre gli antichi romani lo utilizzavano nelle tubature idriche.

Piombo

Il piombo è usato nelle batterie e nei pesi da sollevamento.

Galena

Zinco

Lo zinco viene spesso usato in associazione ad altri metalli per migliorarne le proprietà. È impiegato nella produzione di vernici, saponi, batterie e medicinali.

Sfalerite

Ferro

Il ferro si usa per produrre l'acciaio, un metallo molto importante nella costruzione di edifici, ponti, ferrovie e molte altre strutture.

Ematite

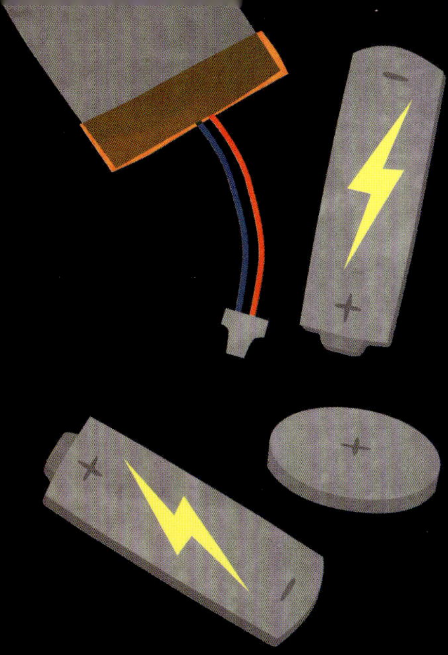

Litio

Il litio è il più leggero di tutti i metalli. È utilizzato nelle batterie che alimentano i telefoni cellulari, i computer, le auto elettriche e molti altri dispositivi elettronici portatili.

Spodumene

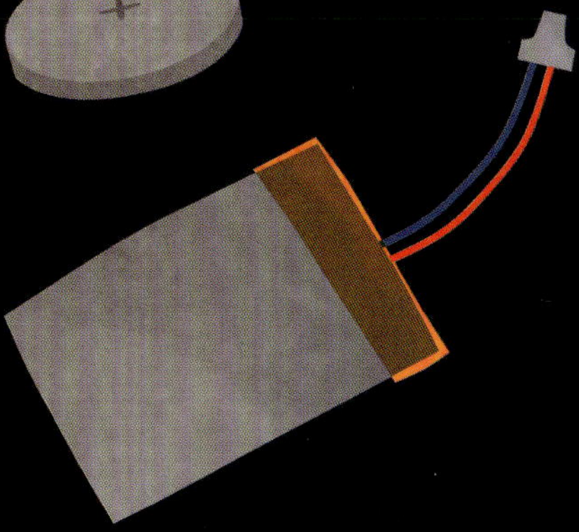

Rame

Essendo un ottimo conduttore di elettricità, il rame viene usato nei filamenti elettrici. Qualsiasi apparecchio elettrico che puoi trovare in casa contiene filamenti di rame.

Calcopirite

GLOSSARIO

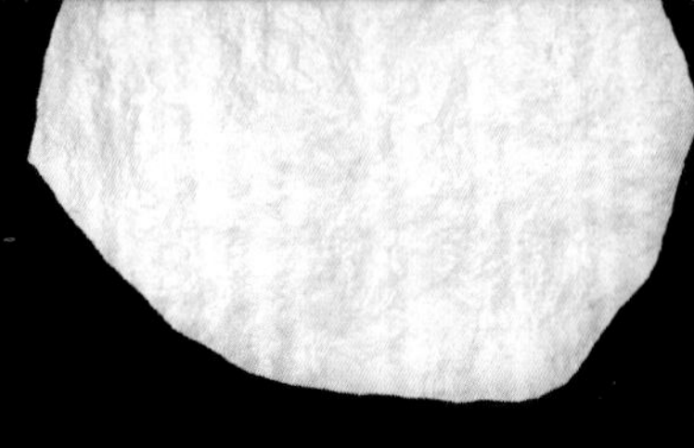

Aggregato cristallino – insieme di cristalli cresciuti con alcune parti in comune

Altopiani lunari – zone più chiare della superficie della Luna, che rappresentano punti più elevati

Asterismo – particolare effetto luminoso a forma di stella che si presenta in alcune gemme

Azoto – elemento chimico appartenente al gruppo dei gas

Boro – elemento chimico appartenente al gruppo dei semimetalli

Carato – unità di misura della massa delle pietre preziose (1 kt = 0,2 g)

Carbonio – elemento chimico presente in tutti gli esseri viventi

Carsico, paesaggio – paesaggio di rocce calcaree rimodellate dall'acqua e caratterizzato da doline e fiumi sotterranei

Catrame – sostanza liquida scura e viscosa, prodotta da carbone, legno o petrolio

Cicadofite – antiche piante dall'aspetto simile alle palme

Clastico – di roccia costituita da frammenti di altre rocce più antiche

Cratone – parte più antica della crosta continentale

Cristallo – struttura solida disposta secondo uno schema geometrico regolare

Cromo – elemento chimico appartenente al gruppo dei metalli

Elemento chimico – sostanza formata da atomi tutti uguali tra di loro

Evaporazione – passaggio di una sostanza dallo stato liquido a quello gassoso

Feldspato – minerale molto comune

Ferro – elemento chimico appartenente al gruppo dei metalli

Fossile – ciò che resta di piante o animali antichi, trasformati in roccia

Geode – cavità all'interno di una roccia rivestita di cristalli

Geologia – la scienza che studia la Terra

Geologo – scienziato che studia la Terra

Inorganico – non costituito da materia vivente, per esempio un metallo

Interglaciale – periodo più caldo in mezzo a due periodi più freddi

Invertebrato – animale privo di colonna vertebrale

Iridescenza – proprietà ottica che crea riflessi di luce colorata variabili con il movimento

Kimberlite – rara roccia magmatica che può contenere diamanti

Lava – roccia fusa che fuoriesce sulla superficie terrestre

Magma – roccia fusa proveniente dalle profondità della Terra

Magmatica, roccia – roccia che si è formata in seguito al raffreddamento di un magma

Magnesio – elemento chimico appartenente al gruppo dei metalli

Mantello – strato roccioso situato tra la crosta terrestre e il nucleo

Mari lunari – zone più scure della superficie della Luna, costituite di basalto

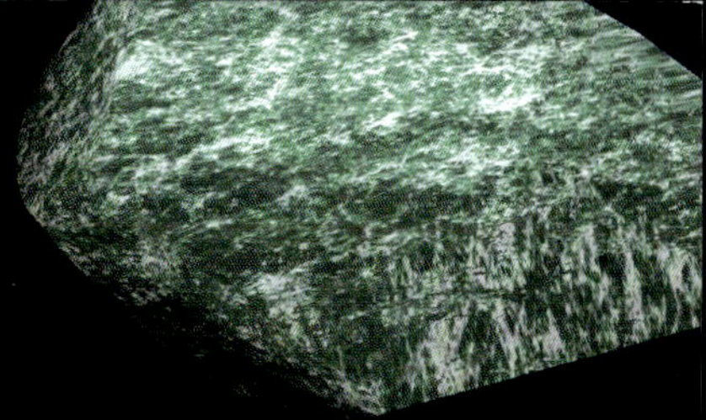

Metamorfica, roccia – roccia che ha subito una mutazione per effetto di pressione e calore intensi

Minerale – elemento costitutivo di una roccia, come quarzo e feldspato

Nickel – elemento chimico appartenente al gruppo dei metalli

Opaco – che non si lascia attraversare dalla luce

Organico – costituito da materia vivente come piante e animali

Pangea – super continente che esisteva sulla Terra circa 270 milioni di anni fa

Pegmatite – roccia magmatica che si è formata sotto la superficie della Terra ed è composta di cristalli molto grandi

Placca tettonica – ciascuno dei frammenti in cui è suddivisa la superficie terrestre, costituiti dalla crosta e dallo strato superiore del mantello

Plancton – insieme di minuscoli organismi che vivono nell'acqua

Preistorico – che risale alla preistoria, l'epoca precedente alla storia documentata

Pressione – grandezza che misura l'effetto di una forza che preme su una superficie

Rame – elemento chimico appartenente al gruppo dei metalli

Regolite lunare – strato di polvere, sedimenti e frammenti di roccia sulla superficie della Luna

Sedimentaria, roccia – roccia formata dall'accumulo di frammenti minerali e organici

Silicati – minerali composti di silice e altri elementi

Silice – composto chimico formato da silicio e ossigeno

Silicio – elemento chimico appartenente al gruppo dei semimetalli

Strati – depositi sovrapposti di rocce sedimentarie

Struttura cristallina – disposizione di elementi chimici in un cristallo

Titanio – elemento chimico appartenente al gruppo dei metalli

Trasparente – che si lascia attraversare dalla luce

Vanadio – elemento chimico appartenente al gruppo dei metalli

Vertebrato – animale dotato di struttura scheletrica ossea

Xenolite – frammento di roccia incorporato in una roccia magmatica

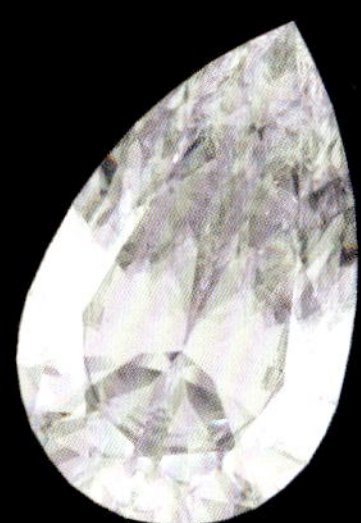

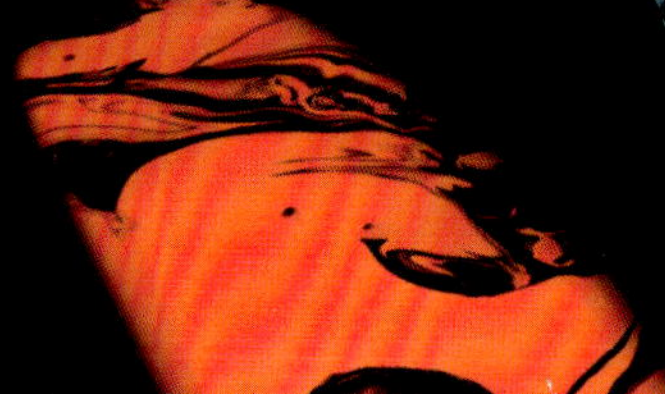

Touring Club Italiano
Responsabile editoriale: Cristiana Baietta
Redazione: Chiara Schiavano
Segreteria di redazione: Laura Guerini
Coordinamento tecnico: Francesco Galati

Traduzione, adattamento e editing: Iceigeo, Milano
(coordinamento: Lorenzo Sagripanti; traduzione: Elena Rossi;
revisione: Margherita Giacosa)

Edizione italiana

touringclub.it
touringclubstore.com

Codice: 3559A
ISBN: 9788836578207

Fabbricante:
Wide Eyed Editions, marchio di The Quarto Group
The Old Brewery, 6 Blundell Street, Londra N7 9BH, Regno Unito

Importatore:
Touring Servizi, Milano
Made in Guangdong, China

Finito di stampare: gennaio 2021

8 7 6 5 4 3 2 1

FSC
www.fsc.org
MISTO
Carta da fonti gestite in maniera responsabile
FSC® C016973